Wissenschaftliche Reihe Fahrzeugtechnik Universität Stuttgart

Reihe herausgegeben von

André Casal Kulzer, Stuttgart, Deutschland

Hans-Christian Reuss, Stuttgart, Deutschland

Andreas Wagner, Stuttgart, Deutschland

Das Institut für Fahrzeugtechnik Stuttgart (IFS) an der Universität Stuttgart forscht interdisziplinär sowie technologieoffen an modernen und zukunftsorientierten Fahrzeugkonzepten. In enger Zusammenarbeit mit Partnern aus Industrie und Wissenschaft entstehen neue Lösungen für die Mobilität der Zukunft. Das Institut gliedert sich in drei spezialisierte Lehrstühle, die gemeinsam das gesamte Spektrum der Fahrzeugtechnik abdecken: Der **Lehrstuhl für Fahrzeugantriebssysteme** widmet sich der Forschung nachhaltiger Antriebslösungen für künftige Mobilitätskonzepte. Im Fokus stehen alternative, elektrische sowie hybride Antriebssysteme und deren Komponenten – einschließlich der Nutzung nachhaltiger Energieträger wie Wasserstoff, synthetischer Kraftstoffe und Batterien. Der **Lehrstuhl für Kraftfahrzeugmechatronik** beschäftigt sich mit vernetzten, intelligenten und adaptiven Fahrzeugen. Im Zentrum stehen Fragestellungen zum Automatisierten und Vernetzten Fahren, Diagnose, Ladetechnologien, verteilte Systeme sowie softwarebasierte Fahrzeugfunktionen. Der **Lehrstuhl für Kraftfahrwesen** erforscht die physikalischen Grundlagen der Auslegung zukünftiger Fahrzeugkonzepte. Im Mittelpunkt stehen die Bereiche Aerodynamik, Windkanaltechnik, Akustik/NVH, Fahrzeugdynamik, Reifenmanagement und Thermomanagement Gesamtfahrzeug. Das IFS verfügt über eine vielfältige und hochmoderne Forschungsinfrastruktur, die realitätsnahe Untersuchungen vom Einzelbauteil bis zum Gesamtfahrzeug ermöglicht. Besonders hervorzuheben sind der Multikonfigurations- und Antriebsprüfstand für komplexe Antriebskonzepte, der Stuttgarter Fahrsimulator zur Untersuchung menschlichen Fahrverhaltens, der Aeroakustik-Fahrzeugwindkanal für akustische und strömungstechnische Fragestellungen sowie der Thermowindkanal zur Analyse thermischer Prozesse im Gesamtfahrzeug. Die wissenschaftliche Reihe „Fahrzeugtechnik Universität Stuttgart" dokumentiert die im Rahmen von Promotionen am IFS entstandene Beiträge zur Mobilität der Zukunft und zeigt deren thematische Vielfalt, methodische Tiefe und Praxisrelevanz.

Reihe herausgegeben von

Prof. Dr.-Ing. André Casal Kulzer
Lehrstuhl Fahrzeugantriebssysteme
Institut für Fahrzeugtechnik Stuttgart
Universität Stuttgart
Stuttgart, Deutschland

Prof. Dr.-Ing. Hans-Christian Reuss
Lehrstuhl Kraftfahrzeugmechatronik
Institut für Fahrzeugtechnik Stuttgart
Universität Stuttgart
Stuttgart, Deutschland

Prof Dr.-Ing. Andreas Wagner
Lehrstuhl Kraftfahrwesen
Institut für Fahrzeugtechnik Stuttgart
Universität Stuttgart
Stuttgart, Deutschland

Justus Raabe

Methoden zur durchgängigen virtuellen Eigenschafts-entwicklung von Fahrzeugen hinsichtlich kombinierter Längs- und Querdynamik

Springer Vieweg

Justus Raabe
IFS, Fakultät 7, Lehrstuhl für
Kraftfahrwesen
Universität Stuttgart
Stuttgart, Deutschland

Zugl.: Dissertation Universität Stuttgart, 2025
D93

ISSN 2567-0042 ISSN 2567-0352 (electronic)
Wissenschaftliche Reihe Fahrzeugtechnik Universität Stuttgart
ISBN 978-3-658-50209-6 ISBN 978-3-658-50210-2 (eBook)
https://doi.org/10.1007/978-3-658-50210-2

Die Deutsche Nationalbibliothek verzeichnet diese Publikation in der Deutschen Nationalbibliografie; detaillierte bibliografische Daten sind im Internet über https://portal.dnb.de abrufbar.

Planung/Lektorat: Friederike Lierheimer
Springer Vieweg ist ein Imprint der eingetragenen Gesellschaft Springer Fachmedien Wiesbaden GmbH und ist ein Teil von Springer Nature.
Die Anschrift der Gesellschaft ist: Abraham-Lincoln-Str. 46, 65189 Wiesbaden, Germany

Vorwort

Die vorliegende Arbeit entstand während meiner Tätigkeit als wissenschaftlicher Mitarbeiter am Institut für Fahrzeugtechnik (IFS) der Universität Stuttgart in Zusammenarbeit mit der Audi AG in Ingolstadt.

Mein besonderer Dank gilt Herrn Prof. Dr.-Ing. A. Wagner für die wissenschaftliche Betreuung der Arbeit, die hilfreichen Anregungen sowie die Freiheiten bei der Forschung. Ich danke zudem Herrn Prof. Dr.-Ing. G. Prokop für das Interesse am Thema und die Übernahme des Mitberichts. Mein Dank gilt weiterhin Herrn Prof. Dr.-Ing. habil. O. Sawodny für die Wahrnehmung des Prüfungsvorsitzes.

Ich möchte mich außerdem bei meinen ehemaligen Kollegen der Abteilung Simulation Fahreigenschaften der Audi AG für die vielfältige Unterstützung meiner Arbeit bedanken. Mein außerordentlicher Dank gilt Herrn Dr.-Ing. C. Schimmel und Herrn Dr.-Ing. H. Kollmer, die meine Forschung in einem industrienahem Umfeld ermöglichten. Ganz besonders danke ich Dr.-Ing. F. Fontana, der durch konstruktive Kritik, organisatorische Unterstützung der Forschungsaktivitäten und eine außerordentliche Korrekturleistung maßgeblich zum Erfolg dieser Arbeit beigetragen hat. Weiterhin danke ich den Mitarbeitern der Fahrdynamikapplikation, vorrangig Herrn M. Mader, sowie der Fahrzeugvorbereitung, u. a. Herrn H. Flieger, für die Unterstützung meiner Versuchsaktivitäten. Zudem danke ich M. Radspieler und A. R. Raza für ihre Beiträge zu meiner Arbeit.

Mein großer Dank gilt meinen ehemaligen Kollegen am IFS für die fachlichen und außerfachlichen Diskussionen sowie die gemeinsamen Aktivitäten. Namentlich möchte ich Herrn Dr.-Ing. J. Neubeck nennen, der diese Arbeit durch seine fachlichen Anregungen und Korrekturleistung bereicherte.

Mein herzlicher Dank richtet sich an meine Familie, die mich bei Verwirklichung meiner beruflichen Ziele stets unterstützt hat. Ganz besonders danke ich der wohl wichtigsten Person, meiner Frau Lisa, die durch ihre liebevolle Unterstützung eine vollumfängliche Konzentration auf die Arbeit erst ermöglichte.

Ingolstadt — Justus Michael Raabe

Inhaltsverzeichnis

Abbildungsverzeichnis

Tabellenverzeichnis

Abkürzungsverzeichnis

AMV	Antriebsmomentverteilung
AMW	Arithmetischer Mittelwert (Funktion)
ARE	Antriebsregeleinheit
BO	Bayes'sche Optimierung
CL	Closed-loop
EA	Evolutionärer Algorithmus
EEM	Elementareffektmethode
ESC	Electronic Stability Control
ESM	Einspurmodell
EV	Eigenlenkverhalten
EW	Energiewandler
FA	Firefly-Algorithmus
FAX	Funktion zur Kompensation des Untersteuerns beim Beschleunigen
FEG	Funktion zur Anpassung des Eigenlenkverhaltens
FS	Fahrstabilität
HA	Hinterachse
HiL	Hardware-in-the-Loop
IFFD	Iterated Fractional Factorial Design
IFS	Institut für Fahrzeugtechnik
KE	Konzeptentwicklung
KF	Kursführung
KW	Kennungswandler

MAX	Maximum (Funktion)
MIN	Minimum (Funktion)
MSD	Maximales Systemdrehmoment
NSGA-II	Non-dominated Sorting Genetic Algorithm II
OL	Open-loop
PONC	Power-on in curve
PSO	Partikelschwarmoptimierung
QMW	Quadratischer Mittelwert (Funktion)
SA	Sensitivitätsanalyse
SE	Serienentwicklung
SiL	Software-in-the-Loop
SQP	Sequenzielle Quadratische Programmierung
SSA	Solution Space-Algorithmus
TR	Traktion
TV	Torque Vectoring
VA	Vorderachse
VBSA	Varianzbasierte Sensitivitätsanalyse
ZSM	Zweispurmodell
ÜG	Überlagerungsgetriebe

Symbolverzeichnis

Physikalische Größen ohne explizite Angabe einer Einheit weisen je nach Zusammenhang unterschiedliche Einheiten auf. Häufig verwendete Indizes sind in einer separaten Tabelle am Ende des Symbolverzeichnis aufgeführt.

	Lateinische Buchstaben	
a_h	Horizontalbeschleunigung	$\mathrm{m/s^2}$
a_t	Tangentialbeschleunigung	$\mathrm{m/s^2}$
a_x	Längsbeschleunigung	$\mathrm{m/s^2}$
a_y	Querbeschleunigung	$\mathrm{m/s^2}$
b	Spurweite	m
c_α	Schräglaufsteifigkeit	N/rad
c_Stab	Stabilisatorsteifigkeit	N/rad
EE	Elementareffekt	
E_S	Ergebnisse der subjektiven Eigenschaftsbewertung	-
f	Allgemeine Funktion	
F_D	Dämpferkraft	N
F_F	Aufbaufederkraft	N
F_x, F_y, F_z	Kraft in x-, y- und z-Richtung	N
F_z	Radlast	N
g	Erdbeschleunigung	$\mathrm{m/s^2}$
I	Lichtintensität eines Individuums	
i_D	Dämpferübersetzung	-
i_K	Übersetzungsverhältnis des Kennungswandlers	-
$i,\ k,\ j,\ q$	Laufvariablen	-
i_L	Lenkübersetzung (Einspurmodell)	-
J_E	Trägheitsmoment des Energiewandlers	$\mathrm{kg\,m^2}$
$J_\mathrm{E,Sys}$	Summe der Trägheitsmomente der Energiewandler eines Fahrzeugs	$\mathrm{kg\,m^2}$
$J_\mathrm{K,A}$	Abtriebsseitiges Trägheitsmoment des Kennungswandlers	$\mathrm{kg\,m^2}$

$J_{K,E}$	Antriebsseitiges Trägheitsmoment des Kennungswandlers	$kg\,m^2$
J_R	Trägheitsmoment des Rades um Hauptdrehachse	$kg\,m^2$
$J_{xx,A}$	Wankträgheitsmoment des Fahrzeugaufbaus	$kg\,m^2$
$J_{yy,A}$	Nickträgheitsmoment des Fahrzeugaufbaus	$kg\,m^2$
J_{zz}	Gierträgheitsmoment des Fahrzeugs	$kg\,m^2$
K	Kennwert	
K_{EV}	Objektives Kriterium zur Bewertung des Eigenlenkverhaltens	rad
K_{FS}	Objektives Kriterium zur Bewertung der Fahrstabilität	rad/s
K_{KF}	Objektives Kriterium zur Bewertung der Kursführung	-
K_{TR}	Objektives Kriterium zur Bewertung der Traktion	m/s^2
l	Radstand	m
$\boldsymbol{L}$	Matrix der Optima	
$l_{v/h}$	Abstand Fahrzeugschwerpunkt zu Vorder- bzw. Hinterachse	m
$LWG\|_{50}$	Lenkradwinkelgradient bei einer Fahrgeschwindigkeit von 50 km/h	°/g
M_E	Moment des Energiewandlers	N m
$M_{E,h,a}$	Moment des kurvenäußeren Energiewandlers an der Hinterachse	N m
$M_{E,h,i}$	Moment des kurveninneren Energiewandlers an der Hinterachse	N m
$M_{E,Sys}$	Systemdrehmoment des Fahrzeugs	N m
m_F	Fahrzeugmasse	kg
M_R	Antriebsmoment am Rad	N m
m_U	Ungefederte Fahrzeugmasse	kg
M_z	Moment um z-Koordinatenachse	N m
N	Parameteranzahl	-
n	Index einer Iteration	-
N_{AP}	Anzahl Auslegungsparameter	-
n_E	Drehzahl des Energiewandlers	1/min

N_{Iter}	Maximale Anzahl an Iterationen	-
N_{K}	Kennwertanzahl	-
N_{L}	Anzahl an Optima	-
N_{T}	Anzahl an Trajektorien eines Versuchsplans	-
P	Parameter	
P_{E}	Leistung des Energiewandlers	W
$P_{\mathrm{E,Sys}}$	Systemleistung des Fahrzeugs	W
p_{Sign}	Statistische Signifikanz einer Korrelation	-
$\bar{p}_{\mathrm{Sign}}$	Mittlere statistische Signifikanz mehrerer Korrelationen	-
R_0	Initialer Radius einer stationären Kreisfahrt	m
R_{P}	Bahnradius	m
r_{Pearson}	Korrelationskoeffizient nach Pearson	-
$\bar{r}_{\mathrm{Pearson}}$	Gemittelter Korrelationskoeffizient nach Pearson mehrerer Korrelationen	-
R_{stat}	Statischer Reifenradius	m
S_{S}	Selbstsperrwert eines Differentials	-
$S_{\mathrm{T}i}$	Sensitivitätsindex Totaleffekt	-
$S_{\mathrm{T}i,\mathrm{skal}}$	Skalierter Totaleffekt	-
t	Zeit	s
t^*	Diskreter Zeitpunkt nach Beschleunigungsbeginn im PONC-Manöver	s
t_{Iter}	Verstrichene Zeit eines Iterationsprozesses	s
U	Eigenlenkgradient	rad s^2/m
$u_{[0,1]}$	Gleichverteilte Zufallszahl im Intervall [0,1]	-
$v_{\mathrm{ch,TV}}$	Charakteristische Geschwindigkeit Torque Vectoring-Sollverhalten	m/s
v_{h}	Horizontalgeschwindigkeit	m/s
V_{TV}	Proportionalverstärkung des Torque Vectoring-Reglers	N m s/rad
v_x	Längsgeschwindigkeit	m/s
$\boldsymbol{X}$	Koordinatenvektor eines Punktes	
$\boldsymbol{X}^*$	Koordinatenvektor eines ausgewählten Punktes	
$\boldsymbol{X}_{\mathrm{inf}}$	Vektor der unteren Grenzen aller N-Parameter	
$\boldsymbol{X}_{\mathrm{sup}}$	Vektor der oberen Grenzen aller N-Parameter	

$x_{\mathrm{E}}, y_{\mathrm{E}}$	x- und y-Richtung des ortsfesten Koordinatensystems	m
x, y, z	Verschiebung in x-, y- und z-Richtung	m
Z	Zielfunktion eines Optimierungsproblems	
$\boldsymbol{ZB}$	Zielbereichsvektor	
$\overline{\boldsymbol{ZB}}$	Vektor der Mittelwerte der Zielbereiche	
z_{SP}	Schwerpunkthöhe Fahrzeug über Fahrbahn	m

Griechische Buchstaben

α	Zufallsfaktor	-
β	Schwimmwinkel im Fahrzeugschwerpunkt	rad
B_{ij}	Attraktivitätsfaktor	-
$\dot{\beta}$	Schwimmwinkelgeschwindigkeit	rad/s
χ	Antriebsmomentanteil eines Rades	-
Δ	Inkrement eines Verfahrensschritts	
δ	Radlenkwinkel	rad
δ_{A}	Ackermannwinkel	rad
$\Delta\delta_0$	Spureinstellung	rad
$\Delta\gamma_0$	Sturzeinstellung	rad
δ_{H}	Lenkradwinkel	rad
$\delta_{\mathrm{inc,kin}}$	Bezogener kinematischer Lenkwinkel	rad
δ_{m}	Mittlerer Lenkradwinkel	rad
ΔM_{R}	Radmomentdifferenz an einer Achse	N m
Δs_y	Laterale Spurabweichung	m
$\boldsymbol{\epsilon}$	Vektor skalierter Zufallszahlen	-
ε	Maschinengenauigkeit	-
η_{K}	Wirkungsgrad des Kennungswandlers	-
γ	Sturzwinkel	rad
κ_{B}	Basis-Abstoßungsfaktor	-
$\lambda_{\mathrm{G,h}}$	Verhältnis von statischer Achslast an Hinterachse zu Fahrzeuggewichtskraft	-
$\lambda_{\mathrm{M,Ant,h}}$	Anteil des Systemdrehmoments an Hinterachse	-
$\lambda_{\mathrm{Mz,TV,v}}$	Anteil TV-Giermoment an Vorderachse	-
μ	Mittelwert der Verteilung der Elementareffekte	

μ^*	Mittelwert der Verteilung der absoluten Elementareffekte	
μ_x	Reibungskoeffizient in x-Richtung	-
μ_y	Reibungskoeffizient in y-Richtung	-
$\dot{\omega}_{\mathrm{E}}$	Winkelbeschleunigung des Energiewandlers	rad/s^2
$\dot{\psi}$	Giergeschwindigkeit	rad/s
$\ddot{\psi}$	Gierbeschleunigung	rad/s^2
ρ_{ij}	Normierte Entfernung zweier Individuen	-
ρ_{iq}	Normierte Entfernung des Individuums i vom Optimum q	-
σ_x	Einlauflänge in x-Richtung	m
σ_y	Einlauflänge in y-Richtung	m
ξ	Abstoßungskoeffizient	-
ζ	Absorptionskoeffizient	-

	Indizes
0	stationär
B	Basis
h	Hinterachse
Ist	Istwert
li	links
lin	linear
max	Maximum
min	Minimum
norm	normiert
re	rechts
Ref	Referenz
Soll	Sollwert
TV	Torque Vectoring
v	Vorderachse

Abstract

Nowadays, automotive industry is characterized by increasing demand for climate-friendly and personalized vehicles. At the same time, customer and regulatory requirements are becoming more stringent. To meet these demands, vehicle manufacturers are focusing on electrification of the powertrain as well as on networked and interacting vehicle functions. This creates new opportunities and challenges for vehicle dynamics development in particular. Traditional development methods are reaching their limits and new, more efficient approaches are required to cope with the complexity of modern vehicles. In this context, this thesis presents simulation-based methods for the consistent and efficient development of vehicle dynamics.

The work focuses on the combined longitudinal and lateral dynamics of a vehicle. Based on the analysis of weaknesses in the current vehicle dynamics development process, this thesis derives objectives for new development methods. These include the identification of objective evaluation criteria for vehicle dynamics during acceleration in a turn, the development of a simulation-based design process and the conception of methods for the virtual calibration of vehicle dynamics control. All methods are designed as generic as possible to allow their transfer to other fields of vehicle dynamics.

Objective evaluation criteria for vehicle dynamics form the basis for the definition of objective targets at the vehicle level and are a prerequisite for the application of simulation-based methods. Existing objective criteria for vehicle dynamics during acceleration in a turn do not cover all relevant driving characteristics and often show a low robustness against scattering of measurement values in vehicle tests. Therefore, this thesis developed suitable robust criteria in a generic process. The identified open-loop criteria allow a direct transfer from road tests to simulation.

The identification process of the objective criteria takes into account the correlations between the subjective and objective evaluations as well as between the characteristic values of an open-loop and closed-loop maneuver. Subjective evaluation was based on established criteria for rating vehicle dynamics during acceleration in a turn of a car manufacturer. Furthermore, the rating was conducted as a blind study according to psychological research guidelines. As a result, a high quality of results was achieved in the subjective evaluation. The group of test subjects was made up of seven experienced test drivers. A total of six variants of a full-size SUV were evaluated by the test subjects, which differ in terms of drive power and drive torque distribution. By using various variants of a base vehicle, the influence of confounding variables such as different seating positions on the subjective evaluation results was minimized. Furthermore, a comparative assessment of the variants was performed to ensure the same evaluation reference for all evaluators.

The subjective evaluation was conducted in a closed-loop maneuver near to real driving situations on public roads. In this maneuver, the vehicle is driven into a turn at a defined driving speed and is then accelerated from the apex. The driver corrects any deviations from the target course by adjusting the steering wheel angle in the form of a closed-loop control. A characteristic turn of a handling course is used to perform the maneuver. To cover different driving dynamic ranges, two different target velocities are defined for corner entry. Full throttle acceleration of the vehicle is always used in order to ensure a significant influence of the drive torques on the vehicle dynamics.

The open-loop maneuver is based on steady-state circular driving in accordance with ISO 4138. From the stationary condition, the vehicle is accelerated at full throttle with the steering wheel fixed. The maneuver is therefore the open-loop counterpart to the established closed-loop maneuver. Due to the purely open-loop control action of the driver, this maneuver is characterized by a high degree of reproducibility. In the closed- and open-loop maneuver, relevant driving dynamics variables are recorded using standard vehicle dynamics measurement equipment. The measurement data forms the basis for the calculation of vehicle dynamics criteria.

The definition of the closed-loop and open-loop characteristic values is based on theoretical considerations of vehicle dynamics and the results of previous work. Particular attention is paid to the robustness against scattering of measurement values to ensure reliable applicability of the criteria in road tests. Furthermore, the criteria are evaluated in defined speed intervals. With this interval definition, which differs from existing evaluation methods predominantly based on time periods, a better comparability of vehicles with different engine power is achieved.

Linear correlations between the closed-loop and open-loop characteristic values as well as the subjective evaluations were analyzed for the systematic selection of suitable objective criteria. The selection is based on an average correlation coefficient of all individual correlations. This distinguishes the presented method from established procedures, which often only analyze correlations between subjective ratings and objective criteria.

The result of the application of the generic procedure are objective criteria for the evaluation of course guidance, driving stability, understeer, and traction during acceleration in a turn. For each criterion, relevant correlations with the established subjective criteria can be verified. In addition, the criteria show a correlation between closed-loop and open-loop values. Furthermore, the suitability of the criteria for the evaluation of course guidance, driving stability and understeer was confirmed by a further test drive study with three variants of a compact car. Therefore, this work presents for the first time a comprehensive set of objective criteria for a differentiated evaluation of relevant driving dynamics characteristics during acceleration in a turn. The criteria are defined for full throttle acceleration in two different speed and lateral acceleration ranges. The transferability to other test conditions, in particular to cornering with low and medium use of the accelerator pedal, is an open research topic.

Simulation-based methods were developed for the design of vehicle subsystems and components regarding vehicle dynamics targets. An essential part of the methods is a vehicle model consisting of an existing double-track model and a newly developed generic powertrain model. High runtime efficiency is achieved by modeling the relevant system and component properties based on characteristic curves. In addition, the vehicle model can be fully parametrized with data from concept development. Due to the generic structure of the powertrain model, arbitrary powertrain configurations and torque vectoring can be simulated. Due to the generic structure, any drive configuration and torque vectoring can be simulated already in the early stages of development. The validation of the vehicle model for the acceleration out of cornering maneuver proves a sufficient model quality for the concept development.

For reasons of efficiency, the derivation of subsystem and component targets based on vehicle dynamics objectives is limited to the most relevant properties. To determine these properties, a method based on the variance-based sensitivity analysis is presented. The method analyzes total effects including singular effects as well as interaction effects of the subsystem and component parameters of the vehicle model on objective vehicle dynamics criteria. A unique feature is the separation of the search space based on the analysis of three base vehicles. In this way, generalized findings about the influence of the parameters were derived, independent of the drivetrain and chassis concept. In addition, a high runtime efficiency is achieved by parallelizing the partial computations.

A two-step, automated and optimization-based procedure was developed for the derivation of targets for subsystem and component properties based on the vehicle dynamics objectives. In the first step of the procedure, discrete target values are determined using a firefly algorithm. This optimization algorithm enables the identification of various suitable design variants, each represented by a set of subsystem and component parameters of the vehicle model. A customized extension of the algorithm improves the diversity of the identified parameter sets in order to consider as many distinctive design variants of the vehicle as possible. In the second step, independent target ranges are determined based on the discrete targets using the solution space algorithm. Within the target bounds, the parameter values can be chosen independently of the values of other parameters. In this way, robustness of the targets regarding variable boundary conditions in the vehicle development is achieved. Furthermore, the development complexity is reduced by the independence of the objectives. Accordingly, for the first time, the method enables concurrent design of powertrain and chassis characteristics with regard to objective targets of vehicle dynamics during acceleration in a turn. The process is almost fully automated and efficient by parallelizing individual calculations. User interaction is required only for the selection of the design variant after the first process step. In future work, suitable selection procedures should be developed for full automation.

Two simulation-based methods are presented for the virtual calibration of vehicle dynamics control. The methods are based on a simulation environment that includes a model of the passive vehicle as well as various actuator and eletronic control unit models. The approach takes into account the actual control software. The modular structure of the environment enables the integration of arbitrary actuators and control units. An interface to a programming environment was created for the automated simulation execution, the implementation of analysis methods, and data post-processing.

The first method aims at supporting a systematic and efficient calibration. The magnitude and direction of influence of control system parameters on objective vehicle dynamics criteria are analyzed using the elementary effects method. The elementary effect method shows a higher convergence rate compared to the variance-based sensitivity analysis. Therefore, the approach is suitable for the analysis of complex control systems with a high number of parameters. So-called calibration maps are created based on the results of the sensitivity analysis. These maps contain information about the strength and direction of the influence of the control system parameters on the vehicle dynamics. Furthermore, a preferred sequence for the calibration is shown. Thus, the approach provides the calibration engineer with all the relevant information necessary to perform an efficient calibration with as few interactions as possible. The results can be used for virtual or test drive-based calibration of vehicle dynamics control leading to a significant increase in efficiency especially for unknown control systems.

Another method enables the simulation-based identification of suitable values of the calibration parameters to achieve the vehicle dynamics targets. This method is based on Bayesian optimization. An integral part of the method is a probabilistic model of the objective function, which is used to select suitable points for the next iteration step of the optimization. The evaluation of the probalistic model is significantly less computationally intensive than the evaluation of the actual objective function, which leads to an increase in the convergence rate of the entire optimization. In this work, simulation results of the prior sensitivity analysis are used for the initial parameterization of the model. This further increases the overall efficiency of the calibration process by combining both calibration methods. Thus, the method can also be used for computationally intensive control systems. A disadvantage of both calibration methods is the sequential execution of the individual calculations. Possibilities for parallelizing the computational steps should be explored in future work to further increase efficiency.

All methods are applied to the design of an electric SUV platform and the calibration of a sporty platform derivative as an example. In the first step, vehicle dynamics targets were defined based on the developed objective evaluation criteria. In order to support the target definition, a benchmark of a total of 68 recent vehicles was carried out based on the identified driving dynamics criteria. This also demonstrates the applicability of the evaluation criteria for various vehicle types with different drive and chassis concepts. Subsequently, relevant vehicle properties for achieving the vehicle dynamics targets were identified based on the sensitivity analysis method and the vehicle simulation model. A total of thirteen tire, powertrain, and chassis parameters were identified as having a significant effect on vehicle dynamics during acceleration in a turn. Based on the vehicle objectives, target ranges were determined for the relevant parameters using the two-step target derivation method. The method was used to design two platform variants. These variants differ in terms of the torque vectoring distribution and the track characteristics of the front axle.

The virtual calibration of torque vectoring was conducted for one sporty platform derivative using the methods presented. The calibration map shows that 12 of 14 parameters of the torque vectoring have an relevant impact on the vehicle dynamics during acceleration in a turn. Furthermore, a preferred sequence was determined for the efficient setting of the parameters with regard to the driving dynamics targets. By using the optimization method, the calibration parameters of the torque vectoring were set appropriately and thus the driving dynamics objectives of the overall vehicle were achieved. The application of the methods exhibits its benefits for a consistent and efficient development. The use case also demonstrates the compatibility of the methods with standard vehicle development schedules and their potential for shortening development cycles.

Kurzfassung

Motiviert durch die zunehmende Komplexität moderner Fahrzeuge, die Verkürzung von Entwicklungszyklen sowie den steigenden Wettbewerbsdruck stellt diese Arbeit simulationsbasierte Methoden für eine effiziente Eigenschaftsentwicklung hinsichtlich der kombinierten Längs- und Querdynamik vor. Die entwickelten Methoden für die Definition von Gesamtfahrzeugzielen, die Eigenschaftsauslegung von Fahrwerk und Antrieb sowie die Applikation von Fahrdynamikfunktionen gleichen Defizite aktueller Vorgehensweisen aus und ermöglichen eine durchgängige Fahrzeugentwicklung. Im Fokus steht die Fahrdynamik bei angetriebener Kurvenfahrt. Der generische Charakter der Methoden ermöglicht auch einen Übertrag auf weitere Fahrdynamikbereiche.

Als Grundlage für die Definition von transparenten Gesamtfahrzeugzielen und die Anwendung simulationsbasierter Entwicklungsverfahren werden objektive Bewertungskriterien der Fahrdynamik bei angetriebener Kurvenfahrt identifiziert. Hierfür präsentiert diese Arbeit ein generisches Verfahren. Besonderheit des Verfahrens ist die gleichzeitige Berücksichtigung von Korrelationen zwischen subjektiven und objektiven Bewertungskriterien sowie von Open-loop- und Closed-loop-Kennwerten. Die subjektive Bewertung der Fahrdynamikeigenschaften erfolgt in einer Fahrversuchsstudie, die gemäß etablierten Vorgehensweisen der psychologischen Forschung konzipiert ist. Dadurch wird eine hohe Ergebnisqualität der Subjektivbewertung erreicht. Weiteres Alleinstellungsmerkmal des entwickelten Verfahrens ist die explizite Berücksichtigung der Robustheit der Kriterien gegenüber der versuchsbedingten Streuung von Fahrdynamikgrößen. Darüber hinaus wird der Nachteil der etablierten Kriterien hinsichtlich der Vergleichbarkeit von Fahrzeugen unterschiedlicher Motorisierung durch eine geschwindigkeitsbasierte Auswertung der Kriterien ausgeglichen.

Ergebnis des Objektivierungsverfahrens ist jeweils ein objektives Kriterium für die Bewertung der Kursführung, der Fahrstabilität, des Eigenlenkverhaltens und der Traktion bei angetriebener Kurvenfahrt. Für die identifizierten Kriterien werden relevante Korrelationen zu etablierten Subjektivkriterien nachgewiesen.

Zusätzlich bestätigt eine weitere verkürzte Objektivierungsstudie die Eignung der Kriterien. Diese Arbeit stellt damit erstmalig einen umfassenden Satz an objektiven Kriterien für eine differenzierte und robuste Bewertung relevanter Fahreigenschaften bei angetriebener Kurvenfahrt vor. Der Kriteriensatz ist eine geeignete Grundlage für die Definition von Fahrzeugeigenschaftszielen für diesen Fahrdynamikteilbereich.

Für die Auslegung der Subsystem- bzw. Komponenteneigenschaften basierend auf den objektiven Gesamtfahrzeugzielen präsentiert diese Arbeit effiziente simulationsbasierte Methoden. Grundlage der Verfahren ist ein Simulationsmodell, welches sich aus einem kennlinienbasierten Zweispurmodell und einem generischen Antriebsmodell zusammensetzt. Der generische Aufbau des Antriebsmodells ermöglicht die Simulation beliebiger Antriebskonfigurationen sowie des Torque Vectorings bereits in frühen Entwicklungsphasen. Durch die laufzeiteffiziente Gestaltung eignet sich das Modell für die Anwendung im Rahmen statistischer Entwicklungsverfahren. Die Validierung für das Manöver Beschleunigung aus der Kurvenfahrt weist eine hinreichende Modellgüte für die Konzeptentwicklung nach.

Zur Vorbereitung einer effizienten Eigenschaftsauslegung wurde eine Methode für die Identifikation relevanter Subsystem- bzw. Komponenteneigenschaften entwickelt. Grundlage ist die varianzbasierte Sensitivitätsanalyse. Mithilfe des Verfahrens werden Totaleffekte der Parameter eines Fahrzeugsimulationsmodells auf objektive Kriterien der Fahrdynamik analysiert und die einflussreichsten Parameter identifiziert. Besonderheit des Verfahrens ist die Analyse mehrerer Basisfahrzeuge, wodurch verallgemeinerte Aussagen zum Parametereinfluss, unabhängig von Antriebs- und Fahrwerkkonzept, erzielt werden. Durch die Parallelisierung von Teilrechnungen weist das Verfahren eine hohe Laufzeiteffizienz auf und ist in typischen Entwicklungszeiträumen durchführbar.

Zur Ableitung von Zielen für die relevanten Subsystem- und Komponenteneigenschaften wird ein zweistufiges, automatisiertes und optimierungsbasiertes Verfahren vorgestellt. Im ersten Verfahrensschritt werden geeignete Fahrzeugkonfigurationen, repräsentiert durch diskrete Werte der Subsystem- und Komponenteneigenschaften, mithilfe eines Firefly-Algorithmus identifiziert. Durch die Erweiterung des Basisalgorithmus werden eine verbesserte Erkundung des Suchraums und somit eine Steigerung der Diversität der identifizierten Fahrzeugkonfigurationen erreicht. Im zweiten Schritt erfolgt die Ermittlung von unabhängigen Zielbereichen auf Basis der diskreten Werte der Konfigurationen mithilfe des Solution Space-Algorithmus. Aufgrund der Unabhängigkeit der Zielbereiche weisen diese eine Robustheit gegenüber veränderlichen Randbedingungen der Entwicklung auf. Weiterhin ermöglicht das Verfahren erstmalig die simultane Auslegung von Antriebs- und Fahrwerkseigenschaften hinsichtlich objektiver Ziele der Fahrdynamik bei angetriebener Kurvenfahrt.

Zur Effizienzsteigerung der Applikation von Fahrdynamikfunktionen stellt diese Arbeit zwei simulationsbasierte Methoden vor. Die Grundlage der Methoden bildet eine modulare Software-in-the-Loop-Simulationsumgebung. Das erste Verfahren ermöglicht die systematische Analyse von Parametersensitivitäten einer Fahrdynamikfunktion und dient damit zum Aufbau eines umfassenden Wirkkettenverständnisses. Ergebnis des Verfahrens sind sogenannte Applikationslandkarten, welche die Einflussstärke und -richtung der Applikationsparameter auf objektive Kriterien der Fahrdynamik veranschaulichen. Weiterhin zeigen die Applikationslandkarten eine Vorzugsreihenfolge für eine möglichst wechselwirkungsfreie Applikation auf. Mit der Anwendung des Verfahrens ist somit eine erhebliche Reduktion der benötigten Zeit für die Applikation einer Fahrdynamikfunktion realisierbar.

Eine weitere Methode ermöglicht die simulationsbasierte Identifikation geeigneter Applikationsparameterwerte zur Erreichung objektiver Fahrdynamikziele. Grundlage der Methode ist die Bayes'sche Optimierung. Dieser Optimierungsalgorithmus zeichnet sich durch eine, im Vergleich zu anderen Algorithmen, geringe Anzahl an notwendigen Zielfunktionsauswertungen aus. Weiterhin besteht die Möglichkeit, die benötigte Zeit für die Identifikation optimaler Parameterwerte durch die Nutzung vorhandener Simulationsergebnisse zu verringern. Dadurch weist die Methode eine hohe Effizienz auf und ist somit für komplexe und rechenintensive Fahrdynamikfunktionen anwendbar.

Die Anwendung der Methoden für die Auslegung einer Fahrzeugplattform für elektrische SUV und die Applikation eines sportlichen Derivats der Plattform verdeutlicht deren Nutzen für eine durchgängige Fahrdynamikentwicklung. Zudem weist die Anwendung die Kompatibilität der Methoden mit üblichen Zeitvorgaben der Fahrzeugentwicklung nach und zeigt deren Potential zur Reduktion von Entwicklungszeiten.

1 Einleitung

Die zunehmende Produktkomplexität moderner Fahrzeuge sowie erhöhter Wettbewerbs- und Kostendruck in der Fahrzeugindustrie erfordern eine stetige Anpassung der Entwicklungsprozesse. Diesbezüglich stellt die vorliegende Arbeit simulationsbasierte Methoden für eine durchgängige und effiziente Fahrdynamikentwicklung vor. In diesem Kapitel wird zunächst die Motivation für die Methodenentwicklung dargelegt sowie das aktuelle Vorgehen zur Entwicklung der kombinierten Längs- und Querdynamik vorgestellt. Darauf aufbauend erfolgt die Definition von Zielen dieser Arbeit.

1.1 Motivation

Die Automobilindustrie befindet sich gegenwärtig in einer Zeit des fundamentalen Wandels getrieben durch die globalen Trends Nachhaltigkeit, Urbanisierung und Digitalisierung [94, 95, 112, 154]. Kundenanforderungen sowie gesetzliche Vorgaben unterliegen dynamischen Veränderungen und werden zunehmend anspruchsvoller [137]. Auf die steigende Nachfrage nach klimafreundlicher und nachhaltiger Mobilität reagieren Automobilhersteller mit der Elektrifizierung des Antriebssystems, was aktuell zu einer Koexistenz verschiedenster verbrennungsmotorischer, hybrider und elektrischer Antriebstopologien führt [32, 34, 70, 94, 112, 126]. Gleichzeitig steigt mit der Einführung von teil- und hochautomatisierten Fahrfunktionen die Anzahl an Sensoren und die Komplexität des elektronischen Systems eines Fahrzeugs stetig [48, 148, 153]. Zur Verbesserung der Fahrdynamik und des Fahrkomforts sowie zur Differenzierung gegenüber Wettbewerbern kommen vermehrt interagierende Fahrwerkregelsysteme zum Einsatz [110, 112, 147, 149, 151, 177]. Zudem werden dem Kunden zur Individualisierung des Fahrzeugs oftmals verschiedene Antriebs-, Fahrwerk- und Karosserievarianten angeboten [97, 147, 149, 171]. Diese Trends führen zu einer steigenden Produktkomplexität bei gleichzeitiger Zunahme der Produktvielfalt. Aufgrund der sich verkürzenden Innovationszy-

J. Raabe, *Methoden zur durchgängigen virtuellen Eigenschaftsentwicklung von Fahrzeugen hinsichtlich kombinierter Längs- und Querdynamik*,
Wissenschaftliche Reihe Fahrzeugtechnik Universität Stuttgart,
https://doi.org/10.1007/978-3-658-50210-2_1

klen neuer Technologien sind die Entwicklungszeiten zukünftiger Fahrzeuge entsprechend anzupassen [171, 186]. Gleichzeitig nimmt der Wettbewerbsdruck durch zahlreiche neue Wertbewerber zu [57, 95]. Um diesen Herausforderungen zu begegnen, sind neue Entwicklungsmethoden und effiziente Prozesse notwendig. Vielfach zitierte effizienzsteigernde Maßnahmen stellen die Einbindung simulationsbasierter Methoden sowie ein Entwicklungsvorgehen nach Systems Engineering-Ansätzen dar [26, 90, 147, 171, 177]. Das aktuelle Vorgehen der Fahrdynamikentwicklung weist diesbezüglich noch ungenutzte Potentiale auf. Speziell die Entwicklung der kombinierten Längs- und Querdynamik ist aktuell oftmals durch ein iteratives Vorgehen, basierend auf kosten- und zeitintensiven Fahrversuchen mit physischen Prototypen, gekennzeichnet. Das grundlegende Entwicklungsvorgehen für diesen Fahrdynamikteilbereich wird im Folgenden vorgestellt.

1.2 Entwicklung der kombinierten Längs- und Querdynamik

Die Entwicklung moderner Fahrzeuge erfolgt i. d. R. nach dem V-Modell [90, 149, 177, 180, 185]. Nachfolgend ist der entsprechende Prozess für die Entwicklung der kombinierten Längs- und Querdynamik eines Fahrzeugs beschrieben sowie Vor- und Nachteile des aktuellen Vorgehens benannt.

Der Entwicklungsprozess nach V-Modell unterteilt sich in die Konzeptentwicklung (KE) und die anschließende Serienentwicklung (SE) [45, 147]. Zu Beginn der KE werden Gesamtfahrzeugziele hinsichtlich der Fahrdynamik auf Basis herstellerspezifischen Anforderungen, der Marktpositionierung des Fahrzeugs und weiteren Anforderungen definiert [3, 50, 186]. Grundlage der Zieldefinition sind subjektive oder objektive Bewertungskriterien der Fahrdynamik. Die Anwendung objektiver Bewertungsverfahren bietet Vorteile hinsichtlich einer frühzeitigen und durchgängigen Zielvalidierung, da die objektive Bewertung auf Basis von Simulationen erfolgen kann. Damit ist das Verfahren im Gegensatz zur subjektiven Bewertung unabhängig von physischen Fahrzeugprototypen, die i. d. R. erst in späteren Entwicklungsphasen verfügbar sind. Vorhandene objektive Kriterien der kombinierten Längs- und Querdynamik erfassen bisher nicht alle relevanten Fahreigenschaften, weswegen die Zieldefinition für diesen Bereich häufig noch auf subjektiven Kriterien beruht.

Im weiteren Verlauf der KE erfolgt die schrittweise Spezifikation von Eigenschaftszielen der Systeme, Subsysteme und Komponenten des Fahrzeugs auf Basis der Gesamtfahrzeugziele [6, 20, 177, 180]. Hierzu kommen häufig Einfachmodelle des Gesamtfahrzeugs sowie der Systeme des Fahrzeugs zur Anwendung [3, 135, 171, 186]. Für die Zielableitung hinsichtlich der Längsdynamik und Querdynamik existieren manuelle, geführte sowie automatisierte Verfahren [3, 73, 147, 169, 182, 186, 191]. Diese Methoden konzentrieren sich i. d. R. entweder auf die Eigenschaften des Antriebs oder die des Fahrwerks. Durchgängige Methoden für die gesamtheitlichen Auslegung der Antrieb- und Fahrwerkeigenschaften hinsichtlich Ziele der kombinierten Längs- und Querdynamik sind aktuell nicht vorhanden. Daher erfolgt die Zieldefinition für diesen Bereich oftmals in einem iterativen Prozess und auf Basis von Erfahrungswerten oder indirekt über die getrennte Auslegung der Längsdynamik und Querdynamik.

Im Anschluss an die Auslegung der Systeme, Subsysteme und Komponenten erfolgt die Entwicklung der Fahrzeugkomponenten. Hierfür kommen meist komplexe Simulationsmodelle wie Mehrkörpermodelle oder Finite-Elemente-Modelle zur Anwendung [48, 156]. Oftmals werden die Komponenten in enger Zusammenarbeit mit mehreren Lieferanten entwickelt [48]. Während der Komponentenentwicklung erfolgt der Übergang von der KE zur SE.

Nach der Komponentenentwicklung erfolgt die schrittweise Integration der Komponenten zu Systemen und der Systeme zu einem Gesamtfahrzeug [20, 180]. Parallel zur Integration werden die Gesamtfahrzeug-, System-, Subsystem- und Komponenteneigenschaften fortlaufend gegenüber den spezifizierten Zielen validiert [177, 180]. Die Zielvalidierung erfolgt unter Nutzung verschiedener Prüfstände sowie Hardware-in-the-Loop (HiL)- und Software-in-the-Loop (SiL)-Verfahren [97, 149]. Zudem werden Fahrversuche zur Validierung der Gesamtfahrzeugeigenschaften durchgeführt [48, 150].

Weiterhin werden in der SE die Steuergeräte und Regelsysteme des Fahrzeugs appliziert. Für die Fahrdynamikapplikation stehen verschiedene simulationsbasierte Methoden, SiL- und HiL-Verfahren oder versuchsbasierte Methoden zur Verfügung [25, 26, 48, 50, 149, 149, 152]. Die Applikation hinsichtlich der kombinierten Längs- und Querdynamik erfolgt mangels geeigneter virtueller Verfahren vorrangig auf Basis von Fahrversuchen und subjektiven Bewertungsverfahren. Vorteil dieses Vorgehens ist Einbeziehung der menschlichen Wahrnehmung sowie vielfältiger Umgebungseinflüsse [150]. Nachteilig sind die vergleichsweise hohen Kosten und die Abhängigkeit von physischen Prototypen [35, 186]. Aufgrund der Notwendigkeit von physischen Prototypen ist das Verfahren erst spät im Entwicklungsprozess anwendbar. Daher werden Zielverfehlungen hinsichtlich der kombinierten Längs- und Querdynamik häufig erst in späten Entwicklungsphasen identifiziert, in denen die Umsetzung von Gegenmaßnahmen mit hohen Kosten verbunden ist [186].

Zusammenfassend ist festzustellen, dass der aktuelle Prozess zur Entwicklung kombiniert längs- und querdynamischer Fahrzeugeigenschaften durch ein iteratives Vorgehen gekennzeichnet ist und auf der Nutzung physischer Prototypen basiert. Das aktuelle Vorgehen ist kostenintensiv und risikobehaftet, da Verfehlungen der Eigenschaftsziele oft erst spät im Entwicklungsprozess erkannt werden. Weiterhin erfolgt die Definition der Fahrdynamikziele auf Grundlage von subjektiven Bewertungskriterien, wodurch die Bewertungen einzelner Versuchsingenieure einen deutlichen Einfluss auf die Fahreigenschaften des zukünftigen Fahrzeugs haben können.

1.3 Zielsetzung und Aufbau der Arbeit

Ziel dieser Arbeit ist die Entwicklung simulationsbasierter Methoden für eine durchgängige und effiziente Entwicklung der kombinierten Längs- und Querdynamik eines Fahrzeugs. Die Methoden sollen nicht nur die Defizite des aktuellen Entwicklungsprozesses punktuell beheben, sondern erstmalig eine ganzheitliche und durchgängige virtuelle Entwicklung ermöglichen. Im Fokus der Methodenentwicklung steht die Fahrdynamik bei angetriebener Kurvenfahrt als Teilbereich der kombinierten Längs- und Querdynamik. Zur Erreichung des übergeordneten Ziels dieser Arbeit werden die im Folgenden benannten Teilziele definiert. Weiterhin erfolgt die Zuordnung der Teilziele zu den Kapiteln und eine Beschreibung des Aufbaus dieser Arbeit. Der schematische Aufbau ist zudem in Abbildung 1.1 gezeigt.

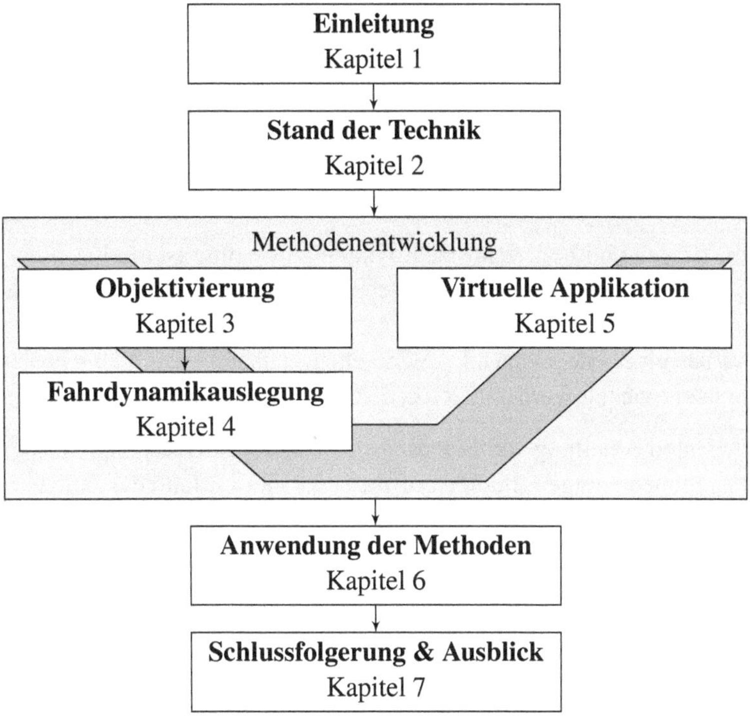

Abbildung 1.1: Aufbau der Arbeit

In Kapitel 2 erfolgt die Vorstellung des Stands der Technik hinsichtlich eines durchgängigen Entwicklungsprozesses, virtuellen Verfahren der Fahrdynamikentwicklung sowie Fahrdynamikbewertungsverfahren. Weiterhin wird auf den Einsatz mathematischer Methoden in der Fahrzeugentwicklung eingegangen.

Das erste Ziel dieser Arbeit ist die Identifikation von objektiven Bewertungskriterien der Fahrdynamik bei angetriebener Kurvenfahrt (Ziel Z_1). Die Kriterien sollen eine robuste und umfassende Bewertung relevanter Fahreigenschaften im Fahrversuch und der Simulation ermöglichen. Weiterhin ist ein nachvollziehbarer Zusammenhang zur subjektiven Wahrnehmung der Fahrdynamik eine Anforderung an die Kriterien. Mit den Kriterien soll eine geeignete Basis für die Definition von objektiven Gesamtfahrzeugzielen geschaffen werden. Für deren Identifikation wird in Kapitel 3 ein generisches Verfahren vorgestellt.

Grundlage der simulationsbasierten Eigenschaftsauslegung der Systeme, Subsysteme und Komponenten eines Fahrzeugs sind entsprechende Simulationsmodelle. Die Entwicklung eines Fahrzeugsimulationsmodells für die gesamtheitliche Auslegung der Eigenschaften von Antrieb und Fahrwerk hinsichtlich der Ziele der Fahrdynamik bei angetriebener Kurvenfahrt ist daher ein weiteres Ziel dieser Arbeit (Ziel Z_2).

Für eine gezielte und effiziente Fahrdynamikauslegung ist die Kenntnis über relevante Subsystem- bzw. Komponenteneigenschaften hinsichtlich der auszulegenden Gesamtfahrzeugeigenschaften erforderlich. Zu deren Identifikation und zum Aufbau eines entsprechenden Wirkkettenverständnisses soll ein geeignetes Verfahren entwickelt werden (Ziel Z_3).

Zur effizienten Ableitung von Eigenschaftszielen für die relevanten Subsystem- bzw. Komponenteneigenschaften auf Basis der Gesamtfahrzeugziele wird ein automatisiertes Verfahren angestrebt (Ziel Z_4). Das Verfahren soll zur Auslegung mehrerer verschiedener Fahrzeugvarianten geeignet sein. Weiterhin ist eine Robustheit der ermittelten Ziele gegenüber veränderlichen Randbedingungen der Fahrzeugentwicklung erforderlich. Die Entwicklung dieser und weiterer Methoden für die Fahrdynamikauslegung ist in Kapitel 4 beschrieben.

Weiteres Ziel dieser Arbeit ist die Entwicklung einer Analysemethode für die Wechselwirkungen zwischen Applikationsparametern und der Gesamtfahrzeugdynamik (Ziel Z_5). Mit der Methode sollen relevante Applikationsparameter identifiziert und Strategien für eine effiziente Applikation ermittelt werden. Zusätzlich wird ein simulationsbasiertes Verfahren für die Identifikation geeigneter Werte der Funktionsparameter angestrebt (Ziel Z_6). Beide Verfahren sollen generisch für beliebige Fahrdynamikfunktionen anwendbar sein. Deren Entwicklung erfolgt in Kapitel 5.

In Kapitel 6 erfolgt die Anwendung der entwickelten Methoden zur Auslegung einer Fahrzeugplattform für elektrische SUV und der Applikation eines sportlichen Derivats der Plattform hinsichtlich der Fahrdynamik bei angetriebener Kurvenfahrt. Mit der Methodenanwendung soll deren Nutzen für eine durchgängige und effiziente Fahrdynamikentwicklung aufgezeigt werden. Abschließend werden in Kapitel 7 die Erkenntnisse der Arbeit zusammengefasst und die Zielerfüllung hinsichtlich der Methodenentwicklung bewertet.

2 Stand der Technik

Dieses Kapitel zeigt den Stand der Technik hinsichtlich Prozessen und Verfahren der Fahrdynamikentwicklung mit Bezug zum Hauptteil der Arbeit. Im Folgenden werden das Entwicklungsvorgehen nach V-Modell, Methoden der virtuellen Fahrdynamikentwicklung, Fahrdynamikbewertungsverfahren sowie mathematische Methoden der Fahrzeugentwicklung vorgestellt.

2.1 Durchgängige Fahrzeugentwicklung nach V-Modell

Aufgrund der hohen Komplexität moderner Fahrzeuge erfolgt deren Entwicklung nach definierten Vorgehensmodellen. Diese Modelle müssen in der Lage sein die vielfältigen Anforderungen an das Fahrzeug, die sich aus gesetzlichen Vorgaben verschiedener Länder, Kundenwünschen und Zielen des Herstellers ergeben, zu berücksichtigen. Weiterhin bestehen hohe Anforderungen hinsichtlich der Prozesseffizienz, um im globalen Wettbewerb bestehen zu können [102]. Typischerweise verwendet jeder Automobilhersteller oder Lieferant ein eigenes, speziell auf dessen Anforderungen abgestimmtes Vorgehensmodell [19, 180]. Dennoch lassen sich allgemeine Tendenzen erkennen.

Ein in der Fahrzeugindustrie etabliertes Vorgehensmodell ist das V-Modell nach Böhm [3, 18, 44, 48, 71, 102, 149, 177]. Dieses Modell wurde ursprünglich für die Entwicklung komplexer mechatronischer Verteidigungssysteme konzipiert [102]. Es bildet u. a. die Grundlage für die Norm ISO 26262 bezüglich der funktionalen Sicherheit von Straßenfahrzeugen [75].

Das V-Modell weist in vertikaler Richtung mehrere Ebenen unterschiedlicher Produktgranularität auf. Im Rahmen der Fahrzeugentwicklung werden diese Ebenen i. d. R. von oben nach unten als Fahrzeug-, System- und Komponentenebene bezeichnet [3, 50, 180]. Die horizontale Richtung des Modells repräsentiert den Entwicklungsfortschritt und ist in Konzept- und Serienent-

J. Raabe, *Methoden zur durchgängigen virtuellen Eigenschaftsentwicklung von Fahrzeugen hinsichtlich kombinierter Längs- und Querdynamik*,
Wissenschaftliche Reihe Fahrzeugtechnik Universität Stuttgart,
https://doi.org/10.1007/978-3-658-50210-2_2

wicklungsphase unterteilt [45, 147, 177]. Ein exemplarisches V-Modell mit dem beschriebenen Aufbau ist in Abbildung 2.1 gezeigt.

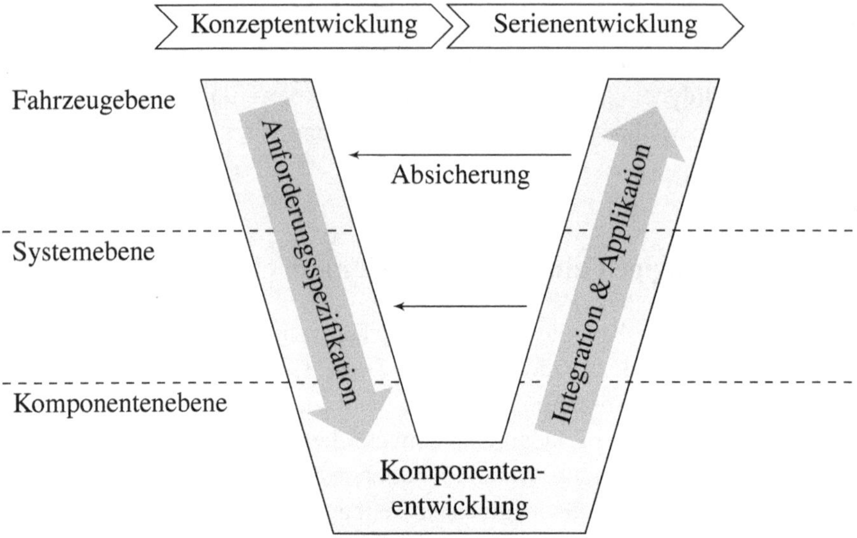

Abbildung 2.1: V-Modell für die Entwicklung von Fahrzeugen in Anlehnung an [20, 102, 147, 180]

Die Auslegung eines Fahrzeugs gemäß V-Modell folgt einem Top-down-Ansatz, beginnend mit der Spezifikation von Zielen an das Gesamtfahrzeug im oberen linken Teil des V [102]. Für die Definition von Zielen wird oftmals ein Benchmark von Vorgänger- und Wettbewerberfahrzeugen durchgeführt [3, 177, 186]. Insbesondere hinsichtlich der Fahrdynamik ist eine Zieldefinition basierend auf objektiven Kriterien vorteilhaft, um eine stetige Nachverfolgbarkeit der Ziele im weiteren Prozess mittels simulations- und versuchsbasierter Verfahren zu gewährleisten [3, 177, 186].

Auf Basis der Gesamtfahrzeugziele werden entlang des linken Asts des V-Modells schrittweise Ziele an die Systeme und Komponenten spezifiziert [20, 149, 180]. Die Ziele der übergeordneten Ebene dienen dabei als Eingangsgröße für die Zielableitung der darauffolgenden Ebene [3]. Dieser Prozess wird auch als Target Cascading bezeichnet [15, 86].

Nach der Zielableitung erfolgt die Realisierung der Komponenten und Funktionen [20]. In dieser Phase findet auch der Übergang von Konzept- zu Serienentwicklung statt.

Entlang des rechten Asts des V-Modells erfolgt die schrittweise Integration von Komponenten zu Systemen und von Systemen zu einem Gesamtfahrzeug. Besonderheit des V-Modells gegenüber anderen Prozessmodellen ist dabei die direkte Verbindung von Zieldefinition und Integration über die vertikal angeordneten Ebenen [20, 102, 180]. Diese Struktur ermöglicht die Zielvalidierung innerhalb einer Ebene [3, 177, 180]. Folglich ist eine durchgehende Überprüfung der Zielerreichung während der Integration realisierbar. Auf diese Weise können Zielverfehlungen frühzeitig erkannt und geeignete Gegenmaßnahmen ergriffen werden [90].

Aufgrund der hohen Produktkomplexität eines Fahrzeugs wird dieser Prozess für Teilbereiche der Entwicklung bzw. einzelne Systeme separat und teilweise mehrfach durchlaufen [148, 180]. Weiterhin hat sich das erläuterte allgemeine Entwicklungsvorgehen in den vergangenen Jahren stetig weiterentwickelt. Beispielweise ergänzt Abel das V-Modell um eine Subsystemebene [3]. Ziel dieser Erweiterung ist die Steigerung der Durchgängigkeit des Zielableitungsprozesses für die Fahrwerkentwicklung. Scharfenbaum fügt dem V-Modell eine Funktionsebene für die durchgängige Entwicklung von Fahrwerkregelsystemen hinzu [147]. Die Funktionsebene ermöglicht eine Spezifikation sowie Validierung der systemübergreifenden Funktionen. Damit wird der zunehmenden Komplexität und Vernetzung von Fahrwerkregelsystemen Rechnung getragen.

Ein weiterer Trend ist die modellbasierte Entwicklung gemäß dem Model-based Systems Engineering [82, 121, 181]. Dazu werden die Systeme eines Fahrzeugs durch abstrakte Modelle repräsentiert, welche die Durchführung und Dokumentation der Entwicklung unterstützen sollen [11, 44, 50, 179]. Weiterhin werden Beziehungen zwischen Teilsystemen modelliert und Parameter untereinander referenziert, um eine ganzheitliche Betrachtung komplexer Systeme mit allen Wechselwirkungen zu ermöglichen [20, 38, 125].

Die Erläuterungen in diesem Unterkapitel verdeutlichen den Nutzen des V-Modells für eine durchgängige und effiziente Entwicklung moderner Fahrzeuge [3, 6, 50, 135, 147, 177, 183]. Die konsequente Anwendung des Prozesses erfordert allerdings entsprechende Entwicklungsmethoden, wie z. B. objektive

Kriterien der Fahrdynamik. Geeignete Methoden sind aktuell nicht für jeden Entwicklungsbereich, u. a. für die Entwicklung der kombinierten Längs- und Querdynamik, verfügbar.

2.2 Virtuelle Fahrdynamikentwicklung

Die Erläuterungen zum Entwicklungsvorgehen nach V-Modell in Unterkapitel 2.1 verdeutlichen die Relevanz simulationsbasierter Methoden für die Realisierung einer durchgängigen Fahrzeugentwicklung. Weiterhin stellen virtuelle Verfahren ein adäquates Werkzeug zur Beherrschung der Variantenvielfalt moderner Fahrzeuge dar [50, 97, 147, 177]. Die Anwendung simulationsbasierter Methoden bietet zudem das Potential zur Kostenreduktion [26, 147, 177, 186].

Nachfolgend werden aktuelle wissenschaftliche Arbeiten zu virtuellen Verfahren der Fahrdynamikentwicklung vorgestellt. Einen Überblick über die vorgestellten Methoden gibt Tabelle 2.1. Die Methoden lassen sich allgemein in Auslegungsverfahren (linke Seite des V-Modells) und Verfahren zur Applikation und Absicherung der Fahrdynamik (rechte Seite des V-Modells) einteilen. Zudem existieren Vorgehensweisen für den gesamten Fahrdynamikentwicklungsprozess. Entsprechend dem Automatisierungsgrad erfolgt eine Unterteilung in manuelle geführte und automatisierte Verfahren.

Tabelle 2.1: Überblick aktueller Arbeiten zu virtuellen Entwicklungsmethoden und Einordnung in den Fahrdynamikentwicklungsprozess

	Auslegung	**Applikation & Absicherung**	**Gesamter Prozess**
Manuell, geführt	[3, 68, 147]	[97]	[25, 50, 101, 177]
Automatisiert	[3, 36, 109, 169, 171, 186, 191]	[61, 149]	

Verfahren für die manuelle geführte Fahrdynamikauslegung stellen Scharfenbaum, Heidrich und Abel vor [3, 68, 147]. Scharfenbaum präsentiert ein Verfahren zur Auslegung von Fahrwerkregelsystemen auf Basis des V-Modells [147].

Die Methode ermöglicht eine systematische Auswahl von Fahrwerkfunktionen auf Basis eines Wissensmanagementsystems sowie die Definition der Anforderungen auf System- und Komponentenebene mittels vereinfachter Modelle des Regelsystems. Heidrich stellt simulationsbasierte Methoden zur Anforderungsableitung, Auslegung und Bewertung von elektrischen Radnabenmaschinen sowie den zugehörigen Fahrwerken vor [68]. Abel entwickelt ein simulationsbasiertes Verfahren für die Ableitung von System-, Subsystem- und Komponentenzielen des Fahrwerks auf Basis objektiver Fahrdynamik- und Fahrkomfortziele [3]. Das Auslegungsverfahren kann entweder manuell oder automatisiert in Verbindung mit einem Firefly-Algorithmus (FA) und Solution Space-Algorithmus (SSA) ausgeführt werden.

Zahlreiche wissenschaftliche Arbeiten beschäftigen sich mit der Automatisierung des Fahrdynamikauslegungsprozesses. Die Automatisierung erfolgt i. d. R. unter Anwendung von Optimierungsverfahren. Münster et al. stellen diesbezüglich eine Methode basierend auf einem Design-of-Experiment-Ansatz zur Auslegung von Fahrzeugvorderachsen hinsichtlich des Lenkgefühls vor [109]. Tey et al. nutzen einen modellbasierten evolutionären Algorithmus (EA) zur automatisierten Konzeptauslegung von Fahrwerken unter Berücksichtigung von Zielen der Fahrdynamik, des Fahrkomforts sowie Package-Anforderungen [169]. Zare et al. präsentieren ein Verfahren basierend auf dem SSA zur Definition von Zielen an Fahrwerkregelsysteme und das Grundfahrwerk hinsichtlich der Fahrdynamik [191]. Ubben entwickelt eine Methode basierend auf einen kaskadierten EA zur robusten Auslegung von Fahrzeugplattformen hinsichtlich objektiver Fahrkomfort- und Fahrdynamikziele [171]. Cui et al. stellen eine Erweiterung des Analytical Target Cascading zur durchgängigen und optimalen Auslegung von Fahrwerk und Lenksystem hinsichtlich Lenkgefühl-, Energieverbrauchs- und Fahrkomfortzielen vor [36]. Woo et al. entwickeln Verfahren zur Ableitung von Anforderungen an das Fahrwerk und zur Überprüfung der Realisierbarkeit auf Basis eines kennlinienbasierten Zweispurmodells [186].

Weiterhin gibt es Bestrebungen, den Prozess der Fahrdynamikapplikation und -absicherung durch virtuelle Methoden zu unterstützen. Lutz et al. stellen manuelle geführte Software-in-the-Loop (SiL)- und Hardware-in-the-Loop (HiL)-Verfahren zur Applikation und Homologation eines Electronic Stability Control (ESC)-Systems vor [97]. Automatisierte Applikationsverfahren stellen Gottschall und Scheffmann vor. Gottschall beschreibt ein optimierungsbasiertes

Verfahren zur Applikation von Bremsregelsystemen am Beispiel des Manövers Bremsen aus Kurvenfahrt [61]. Scheffmann stellt ein Verfahren zur virtuellen Steuergeräteapplikation unter Verwendung von Machine Learning-Ansätzen und Fahrsimulatorversuchen vor [149].

Einige Arbeiten präsentieren simulationsbasierte Vorgehensweisen für den gesamten Fahrdynamikentwicklungsprozess. Die nachfolgend vorgestellten Verfahren erfordern zu bestimmten Zeitpunkten den Eingriff des Anwenders, weswegen diese als manuell geführte Verfahren eingeordnet werden. Wagner verdeutlicht das Potential von Simulationsmethoden zur Steigerung der Effizienz und Durchgängigkeit anhand von Beispielanwendungen der Reifen- und ESC-Entwicklung [177]. Maulick et al. stellen einen simulationsunterstützten Entwicklungsprozess für die effiziente Fahrdynamikauslegung und -applikation einer hohen Anzahl an Fahrzeugderivaten vor [101]. Braunholz entwickelt ein Verfahren zur durchgängigen virtuellen Auslegung und Applikation von Fahrdynamikregelsystemen unter Verwendung von Sensitivitätsanalysemethoden [25]. Fontana präsentiert Methoden für eine durchgängige virtuelle Auslegung des Grundfahrzeugs und die Applikation des Bremsregelsystems hinsichtlich Agilitäts- und Stabilitätszielen im Spurwechselmanöver [50].

2.3 Fahrdynamikbewertung

Die Fahrdynamik eines Fahrzeugs stellt ein wichtiges Differenzierungsmerkmal einer Marke im Wettbewerb dar [48, 57]. Aus diesem Grund werden Fahrdynamikeigenschaften gezielt entwickelt. Die Zieldefinition und -validierung im Rahmen der Fahrzeugentwicklung basiert dabei auf Fahrdynamikbewertungskriterien. Nachfolgend werden etablierte Bewertungsverfahren mit dem Fokus auf objektiven Verfahren für die Bewertung der Fahrdynamik bei angetriebener Kurvenfahrt vorgestellt.

Grundsätzlich wird zwischen subjektiven und objektiven Bewertungsverfahren unterschieden. Bei der subjektiven Bewertung wird die Fahrdynamik des Fahrzeugs von einem Menschen, zumeist erfahrene Testfahrende, erfasst und daraus eine Bewertung in Form von Noten auf Basis vorab definierter Kriterien und Skalen abgeleitet [48, 74, 186]. Die subjektive Beurteilung erfolgt zumeist in kundenrelevanten Fahrszenarien, welche mittels Closed-loop-Manövern oder Abstimmungsfahrten nachempfunden werden [150]. Typischerweise verwendet jeder Hersteller oder Automobilzulieferer individuelle, an die jeweiligen Anforderungen angepasste subjektive Bewertungsverfahren [48].

Vorteil des subjektiven Bewertungsverfahrens ist die Einbeziehung der menschlichen Sensorik und Wahrnehmung [150]. Weiterhin werden bei der Bewertung alle auf den Fahrer einwirkenden Einflüsse berücksichtigt [48, 150, 161]. Die bewusste Einbeziehung des Menschen in die Bewertung führt allerdings zu Nachteilen hinsichtlich der Reproduzierbarkeit der Bewertungsergebnisse. So unterliegen die sensorischen Fähigkeiten des Menschen physisch sowie psychisch bedingten Schwankungen [48, 161]. Weiterhin hat die Erfahrung und das Vorwissen des jeweiligen Beurteilenden einen Einfluss auf das Bewertungsergebnis [66, 89, 150, 184]. Diese Gegebenheiten führen oftmals zu unterschiedlichen Bewertungsergebnissen der Beurteilenden bezüglich des gleichen Fahrzeugs. Zudem können auch die Bewertungen eines Beurteilenden zu unterschiedlichen Zeitpunkten variieren. Ein weiterer Nachteil ist die Abhängigkeit des Verfahrens von physischen Prototypen und deren Verfügbarkeit im Entwicklungsprozess [161, 186].

Grundlage der objektiven Fahrdynamikbewertung sind Kennwerte, deren Werte auf Basis von Messdaten oder Simulationsergebnissen ermittelt werden [3, 37, 48]. Die objektive Bewertung kann sowohl in Closed-loop- als auch Open-loop-Manövern erfolgen. Open-loop-Manöver bieten den Vorteil eines minimalen bis nicht vorhandenen Fahrereinflusses und weisen daher eine hohe Reproduzierbarkeit auf [3, 104, 161]. Zudem sind Open-loop-Manöver ohne einen Fahrerregler in der Simulation realisierbar [50].

Ein wesentlicher Vorteil des objektiven Bewertungsverfahrens ist dessen Anwendbarkeit in der Simulation. Dadurch kann das Verfahren bereits frühzeitig im Entwicklungsprozess, vor dem Aufbau physischer Prototypen, angewandt werden [48, 89, 177]. Die objektiven Bewertungskriterien ermöglichen somit eine stetige Zielvalidierung im Fahrdynamikentwicklungsprozess und sind damit essentiell für eine durchgängige Entwicklung. Weiterhin ist auf Basis der objektiven Kriterien die Entwicklung einer einheitlichen Fahrdynamikcharakteristik eines Herstellers möglich, da subjektive Präferenzen nicht in die Bewertung einfließen [144]. Trotz zahlreicher Bestrebungen zur Objektivierung sind jedoch nicht alle relevanten fahrdynamischen Eigenschaften eines Fahrzeugs mittels objektiver Kriterien bewertbar [150]. Objektive Bewertungsverfahren sind daher als Ergänzung zur subjektiven Eigenschaftsbewertung zu verstehen. Der Einsatz objektiver und subjektiver Bewertungsverfahren im Rahmen der Fahrdynamikentwicklung sollte folglich gezielt und entsprechend der individuellen Stärken der Verfahren erfolgen.

Im Folgenden wird der Stand der Technik hinsichtlich der objektiven Bewertung der Fahrdynamik bei angetriebener Kurvenfahrt aufgezeigt. Grundlage der Bewertung ist dabei das Manöver Beschleunigung aus stationärer Kreisfahrt, das im Englischen als Power-on in curve (PONC) bezeichnet wird.

Objektive Kriterien für die Bewertung der Fahrdynamik im PONC-Manöver werden in den Arbeiten [16, 74, 134, 158, 172] vorgestellt und von Weiteren [52, 64, 103, 123, 166, 182] referenziert. Manche Arbeiten [74, 83, 172] beziehen sich auf die Normen für das Bremsen bei Kurvenfahrt [78] und die Lastwechselreaktion eines Fahrzeugs bei Kurvenfahrt [77]. Die Kennwerte basieren auf typischen Fahrdynamikgrößen wie Horizontalgeschwindigkeit v_{h}, Längsgeschwindigkeit v_x, Querbeschleunigung a_y, Giergeschwindigkeit $\dot{\psi}$, Gierbeschleunigung $\ddot{\psi}$ und den Schwimmwinkel des Fahrzeugschwerpunkts β oder der Hinterachse β_{h}. Typischerweise erfolgt die Auswertung der Fahrdynamikgrößen im Zeitraum vom Beginn der Beschleunigung bis 1 s, 1,5 s oder 2 s danach oder zu den diskreten Zeitpunkten 1 s, 1,5 s oder 2 s nach dem Beginn der Beschleunigung. Teilweise weisen die Autoren den objektiven Kriterien (subjektiv bewertete) Fahrdynamikeigenschaften zu. Diese sind die Kursführung (KF), das Eigenlenkverhalten (EV), die Fahrstabilität (FS) sowie die Traktion (TR) des Fahrzeugs beim Beschleunigen aus der Kurvenfahrt.

In Tabelle 2.2 sind die etablierten objektiven Bewertungskriterien aus der Literatur und zugeordnete fahrdynamische Eigenschaften aufgeführt. Die Bezeichnung der Variablen erfolgt gemäß ISO 8855 [41]. Zudem steht Δs_y für die laterale Abweichung der Fahrzeug-Bahnkurve gegenüber der Bahnkurve des Fahrzeugs bei stationärer Kreisfahrt gemäß ISO 9816 [77]. Werte der Fahrdynamikgrößen bei stationärer Kreisfahrt sind mit dem Index '0' gekennzeichnet, wie z. B. der initiale Radius der stationären Kreisfahrt R_0. Die Variable t^* repräsentiert diskrete Auswertungszeitpunkte nach dem Beginn der Beschleunigung im PONC-Manöver.

Tabelle 2.2: Objektive Kriterien zur Bewertung der Fahrdynamik bei angetriebener Kurvenfahrt aus der Literatur

Kennwert	Quelle	Eigenschaft
$\dot{\psi}_{t^*} - \dot{\psi}_0 \big\vert_{t^*=1\,s;\,1{,}5\,s;\,2\,s}$	[134, 158]	KF, EV
$\mathrm{MAX}(\dot{\psi})/\dot{\psi}_0$	[74]	KF
$\dot{\psi}_{t^*} R_0 / v_{x,t^*} \big\vert_{t^*=1\,s}$	[74, 77]	nicht spezifiziert
$\dot{\psi}_{t^*} - v_{x,t^*}/R_0 \big\vert_{t^*=1\,s}$	[74, 77]	KF
$a_{y,t^*} R_0 / v_{x,t^*}^2 \big\vert_{t^*=1\,s;\,1{,}5\,s}$	[74, 77, 158]	KF
$\Delta s_{y,t^*} \big\vert_{t^*=1\,s;\,2\,s;\,3\,s}$	[74, 77]	KF
$\mathrm{MAX}(\ddot{\psi})$	[16]	FS
$\mathrm{MAX}(\beta)$	[74, 77]	FS
$\mathrm{MAX}(\beta) - \beta_0$	[74, 77]	FS
$\beta_{t^*} - \beta_0 \big\vert_{t^*=1\,s;\,1{,}5\,s}$	[74, 77, 158]	FS, EV
$\mathrm{MAX}(\beta_{HA}) - \beta_{HA,0}$	[74]	FS
$\beta_{HA,t^*} - \beta_{HA,0} \big\vert_{t^*=1\,s}$	[74]	FS
$\mathrm{MAX}(\beta_{HA})/\beta_{HA,0}$	[74]	FS
$\beta_{HA,t^*}/\beta_{HA,0} \big\vert_{t^*=1\,s}$	[74]	FS
$R_{P,t^*}/R_{P,0} \big\vert_{t^*=1\,s}$	[74, 77]	EV
$v_{h,t^*} - v_{h,0} \big\vert_{t^*=1\,s;\,2\,s;\,3\,s}$	[74]	TR

Die in Tabelle 2.2 gezeigten objektiven Bewertungskriterien werden i. d. R. für verschiedene Ausgangsbedingungen der stationären Kreisfahrt (Querbeschleunigung, Fahrgeschwindigkeit, Kreisbahnradius) sowie unterschiedliche Längsbeschleunigungen oder Fahrpedalbetätigungen ermittelt [16, 134, 158, 172]. Diese Vorgehensweise ermöglicht die Analyse des Fahrverhaltens bei verschiedenen Betriebsbedingungen. Die gewählten Versuchsbedingungen variieren dabei je nach Quelle. Gleichzeitig erfordert dieses Vorgehen mehrere aufeinanderfolgende Versuchsdurchführungen und ist mit einem hohen Aufwand verbunden.

Ein weiterer Nachteil der bestehenden objektiven Bewertungsverfahren ist deren Empfindlichkeit gegenüber temporären Schwankungen der Fahrdynamikgrößen bedingt durch die Auswertung diskreter Zeitpunkte [74, 103]. Versuchsbedingte Schwankungen im Messsignal oder Messunsicherheiten können somit einen signifikanten Einfluss auf den Wert des objektiven Kriteriums haben [172]. Weiterhin ist der Zusammenhang der objektiven Bewertungskriterien zu etablierten Subjektivbewertungskriterien oftmals nicht oder nur unzureichend untersucht. Folglich besteht weiterer Forschungsbedarf hinsichtlich der robusten objektiven Bewertung der Fahrdynamik bei angetriebener Kurvenfahrt.

2.4 Mathematische Methoden in der Fahrzeugentwicklung

In der Fahrzeugentwicklung kommen mathematische Methoden in verschiedenen Bereichen und Phasen der Entwicklung zum Einsatz. Im Folgenden werden etablierte Verfahren der Korrelationsanalyse, Sensitivitätsanalyse und Optimierung vorgestellt. Diese Methoden bilden u. a. die Grundlage für durchgängige virtuelle Entwicklungsverfahren. Neben wesentlichen Eigenschaften der Methoden werden aktuelle Anwendungen aufgezeigt.

Korrelationsanalyseverfahren

Mithilfe der Korrelationsanalyse werden Zusammenhänge zwischen zwei statistisch verteilten Variablen analysiert [160]. Ein weitverbreitetes Verfahren ist die Produkt-Moment-Korrelation, auch Pearson-Korrelation genannt [21, 160]. Der zugehörige Korrelationskoeffizient gibt die Stärke und Richtung des linearen Zusammenhangs zwischen den untersuchten Variablen an [160]. Ein wesentlicher Vorteil des Verfahrens ist dessen Eignung für die Analyse von statistisch kleinen Datenmengen [62]. Einige Anwendungen aus der Fahrzeugentwicklung sind nachfolgend beschrieben.

Pagliarecci et al. analysieren mithilfe der Pearson-Korrelation die Zusammenhänge zwischen subjektiven Beurteilungen der Fahrdynamik und objektiven Kennwerten aus Closed-loop (CL)-Manövern [116]. Apfelbeck et al. untersuchen die korrelativen Zusammenhänge zwischen Subjektivbewertungskriterien und objektiven Kriterien des Wankverhaltens eines Fahrzeugs [7]. Ziel der Arbeit ist die Identifikation von Regressionsmodellen mithilfe derer die subjektiven Bewertungen auf Basis von Messdaten oder Simulationsergebnissen vorhergesagt werden können. Ein ähnliches Vorgehen wendet SCHLÜTER zur Objektivierung des Insassenempfindens in Beschleunigungsmanövern an [151]. FONTANA analysiert mithilfe der Pearson-Korrelation die Zusammenhänge zwischen subjektiven Fahrdynamikbewertungen im CL-Spurwechsel und Open-loop (OL)-Kennwerten des Manövers einfacher Spurwechsel [50]. Woo et al. untersuchen lineare Korrelationen zwischen Subjektivbewertungen und objektiven Kennwerten für das Manöver Bremsen aus Kurvenfahrt [186]. Die Autoren zeigen, dass mithilfe der ermittelten Regressionsmodelle Vorhersagen zur subjektiven Beurteilung der Fahrdynamik bereits in frühen Phasen der Fahrzeugentwicklung auf Basis von Simulationen möglich sind.

Ein wesentlicher Nachteil des Pearson-Korrelationsverfahrens ist dessen Beschränkung auf lineare Zusammenhänge. Für die Analyse von nichtlinearen Korrelationen zwischen zwei Variablen sind andere Methoden erforderlich. Im Kontext der Fahrzeugentwicklung kommen hierzu u. a. Fuzzy-Methoden und neuronale Netzwerke zum Einsatz. Beispielsweise nutzen NYBACKA et al. neuronale Netzwerke zur Analyse von nichtlinearen Korrelationen zwischen subjektiven Bewertungen und objektiven Kriterien des Lenkgefühls [114]. Weitere Anwendungen neuronaler Netzwerke zur Analyse nichtlinearer Korrelationen zeigen ROTHHÄMEL et al. und KING et al. [87, 136]. CHEN et al. stellen ein Verfahren basierend auf Fuzzylogik zur Analyse von nichtlinearen Zusammenhängen zwischen subjektiven und objektiven Kriterien der Qualität eines Schaltvorgangs vor [31]. Generell erfordert die Analyse von nichtlinearen Korrelationen eine hinreichend große Datenbasis [114]. Diese Anforderung ist aufgrund von Limitierungen der Versuchszeit und weiterer Ressourcen im Rahmen der Objektivierung von Fahreigenschaften nicht immer erfüllt.

Sensitivitätsanalysemethoden

Die Sensitivitätsanalyse ist eine etablierte Methode zur Analyse der Zusammenhänge zwischen Eingangsgrößen oder Parametern eines Systems und den Systemausgangsgrößen. Sensitivitätsanalysemethoden unterscheiden sich bezüglich Gültigkeitsbereich, Modellanforderungen, Aussagequalität der Ergebnisse und Berechnungsaufwand. Hinsichtlich des Gültigkeitsbereichs wird zwischen lokalen und globalen Methoden unterschieden [160]. Lokale Methoden ermitteln den Einfluss eines Parameters an einem bestimmten Punkt im Parameterraum und sind damit für die Analyse geringfügiger Parameteränderungen geeignet. Globale Methoden ermöglichen allgemeingültige Aussagen zur Sensitivität eines Parameters im gesamten Parameterraum. Weiterhin unterscheiden sich Sensitivitätsanalysemethoden dahingehend, ob diese für lineare oder nichtlineare Systeme anwendbar sind.

In Bezug auf die Qualität der Aussagen und den Berechnungsaufwand wird zwischen Screening- und Ranking-Methoden unterschieden [140, 160]. Beim Parameterscreening erfolgt eine Eingruppierung in einflussreiche und weniger einflussreiche Parameter [139, 140]. Hierfür genügen oftmals qualitative Aussagen zur Sensitivität [160]. Screening-Methoden sind daher i. d. R. weniger rechenintensiv als Methoden zum Parameterranking [140]. Typische und in der Fahrzeugentwicklung etablierte Screening-Methoden sind das Iterated Fractional Factorial Design (IFFD) und die Elementareffektmethode (EEM) [5, 22, 24, 29, 49, 50, 110, 139]. Beide Methoden sind globale Verfahren und eignen sich für die Analyse von nichtlinearen Systemen [140, 141].

Beim IFFD werden die Parameter eines Systems in mehreren Iterationen zufällig zu Gruppen zugeordnet und der gesamtheitliche Einfluss einer Gruppe analysiert [141]. Durch dieses Vorgehen ist die Anzahl notwendiger Modellauswertungen geringer als die Anzahl an Modellparameter [5]. Nachteile bestehen hinsichtlich der Identifikation von Effekten höherer Ordnung [141].

Grundlage der EEM ist die Auswertung der sogenannten Elementareffekte. Der Elementareffekt ist definiert als Verhältnis der Änderung einer Systemausgangsgröße zum Betrag der Änderung der Eingangsgröße oder des Systemparameters [28]. Aus der Verteilung der Elementareffekte an systematisch gewählten Punkten des Parameterraums werden Indizes zur Bewertung des singulären Einflusses und der Wechselwirkungseffekte eines Parameters ermittelt [140]. Die EEM zeichnet sich durch einen geringeren Berechnungsaufwand im Vergleich zur varianzbasierten Sensitivitätsanalyse (VBSA) aus und ermöglicht quantitative Aussagen zur Einflussstärke und -richtung eines Parameters [25, 140]. Die Qualität der Ergebnisse gilt als geringer, aber vergleichbar mit der Ergebnisqualität der VBSA [28, 139, 140].

Fontana nutzt das IFFD zur Analyse der Zusammenhänge zwischen den Funktionsparametern eines Bremsregelsystems und objektiven Fahrdynamikeigenschaften des Fahrzeugs [50]. Mithilfe des IFFD werden die Sensitivitäten der mehr als 2000 Parameter eines ESC-Systems untersucht. Brandt et al. untersuchen den Einfluss von Fahrzeugeigenschaften auf die Seitenwindanfälligkeit des Fahrzeugs bei hohen Fahrgeschwindigkeiten [24]. Mit dem IFFD wird der Einfluss von 25 Fahrdynamik- und Aerodynamikparameter analysiert.

Nguyen et al. analysieren mithilfe der EEM den Zusammenhang zwischen Ein- und Ausgangsgrößen eines Reglers zur Verteilung der Antriebsmomente zwischen den Antriebsachsen eines allradgetriebenen Fahrzeugs [110]. Auf Basis der Erkenntnisse zu Einflussstärke und Wechselwirkungseffekten erfolgt eine Optimierung der Regelung hinsichtlich der Energieeffizienz.

Ziel des Parameterrankings ist die Sortierung der Parameter nach deren Einfluss auf die untersuchten Systemausgangsgrößen. Hierfür stellt die VBSA nach Sobol ein etabliertes Verfahren dar [3, 25, 40, 49, 50, 88, 127]. Grundlage der VBSA ist die Dekomposition der Varianz einer Ausgangsgröße in bedingte Varianzen, die auf die Variation einer Eingangsgröße oder eines Parameters des Systems zurückzuführen sind [140]. Auf Basis der bedingten Varianzen werden Kenngrößen zur Bewertung des linearen und totalen Effekts eines Parameters sowie zu Wechselwirkungseffekten generiert [139, 140]. Im Vergleich zum IFFD und der EEM erzielt die VBSA die höchste Aussagequalität [140, 141]. Gleichzeitig weist die VBSA den höchsten Berechnungsaufwand auf [140].

Korus et al. integrieren die VBSA in ein Verfahren zur Identifikation von Fahrzeugeigenschaften, deren Veränderung über die Fahrzeugnutzungsdauer das Verhalten eines Querführungssystem signifikant beeinflussen [88]. Abel nutzt die VBSA zur Ermittlung der Einflussstärken von Subsystemparameter auf objektive Fahrkomfort- und Fahrdynamikeigenschaften des Gesamtfahrzeugs [3]. Die Analyse umfasst 40 Subsystemparameter und wird auf Basis zweier Einfachmodelle für die Fahrkomfort- und Fahrdynamikauslegung durchgeführt.

In einigen Arbeiten erfolgt vor der Anwendung der VBSA ein Parameterscreening mittels EEM. Qin et al. beschreiben ein derartiges Verfahren zur Ermittlung einflussreicher Parameter eines nichtlinearen Fahrdynamikmodells [127]. Ein ähnliches Vorgehen wendet Braunholz zur Analyse der Einflüsse von Applikationsparametern und Aktoreigenschaften von Fahrwerkregelsystemen auf fahrdynamische Gesamtfahrzeugeigenschaften an [25]. FONTANA wendet die EEM und die VBSA sequenziell zur Analyse der quantitativen Einflüsse von Fahrzeugeigenschaften und Funktionsparametern eines Bremsregelsystems auf objektive Fahrdynamikkriterien an. DETTLAFF untersucht den Zielkonflikt zwischen Leistungsfähigkeit und Energieverbrauch von aktiven Fahrwerksystemen mithilfe von EEM und VBSA [40].

Optimierungsverfahren

Ziel der Optimierung ist die Ermittlung von bestmöglichen Lösungen für konkrete Problemstellungen unter Beachtung aller Randbedingungen [117]. In der Regel wird dazu der Wert einer Zielfunktion maximiert oder minimiert. Die Identifikation von Optima der Zielfunktion kann in einem lokal begrenzten Bereich des Parameterraums oder global erfolgen [117]. Im Kontext der Fahrzeugentwicklung wird i. d. R. nach globalen Optima gesucht, weswegen sich die nachfolgenden Erläuterungen auf entsprechende Algorithmen beschränken. Weiterhin erfolgt eine Unterteilung der Optimierungsalgorithmen in deterministische und stochastische Verfahren [65]. Bei den deterministischen Algorithmen sind alle Verfahrensparameter zu Beginn der Optimierung bekannt und die Lösungsfindung ist vollständig nachverfolgbar [145]. Beispiele für deterministische Verfahren sind die Sequenzielle Quadratische Programmierung (SQP) und die Bayes'sche Optimierung (BO).

Die Optimierung mittels SQP basiert auf der Analyse von Ableitungen der Zielfunktion, weswegen sich das Verfahren durch eine hohe Effizienz auszeichnet [155]. Die BO nutzt ein Metamodell der Zielfunktion zur effizienten Suche nach Optima [58, 155, 159, 162]. Das Verfahren zeichnet sich durch eine vergleichsweise geringe Anzahl notwendiger Auswertungen der Zielfunktion aus und ist damit auch für rechenintensive Funktionen geeignet [58, 144, 159, 162].

PEICHENG et al. nutzen die SQP zur Optimierung der Positionen von Radaufhängungspunkten für Fahrzeuge mit Radnabenmotoren [120]. Ziel der Optimierung sind Positionen der Radaufhängungspunkte, bei denen die Veränderungen der fahrdynamisch relevanten Winkel von Spur, Sturz, Spreizung und Nachlauf über dem Radhub minimal werden. Eine weitere Anwendung der SQP aus dem Bereich der Fahrwerkentwicklung zeigen ELSAWAF et al. [47]. SAVAIA et al. wenden die BO in einem zweistufigen Verfahren zur Optimierung der Parameter einer semi-aktiven Dämpferregelung hinsichtlich Fahrkomfortzielen an [144]. Zunächst werden die Parameter der Dämpferregelung in der Simulation optimiert. Im zweiten Schritt erfolgt eine weitere Optimierung der Parameter im Fahrversuch basierend auf subjektiven Bewertungen.

Stochastische Verfahren sind im Vergleich zu deterministischen Algorithmen oftmals besser geeignet lokale Optima der Zielfunktion zur Identifikation von globalen Optima zu überspringen [155]. Dieser Vorteil geht allerdings i. d. R. mit einer höheren Anzahl notwendiger Zielfunktionsauswertungen einher [155]. Vertreter der stochastischen Optimierungsverfahren sind die Evolutionäre Algorithmen (EA), wie der Non-dominated Sorting Genetic Algorithm II (NSGA-II), sowie vom tierischen Verhalten inspirierte Algorithmen wie die Partikelschwarmoptimierung (PSO) und der Firefly-Algorithmus (FA).

Papaioannou et al. nutzen den NSGA-II zur Identifikation optimaler Reifen- und Fahrwerkeigenschaften hinsichtlich Reifenabnutzung, Fahrkomfort und Fahrstabilität [118]. Deng et al. verwenden den NSGA-II zur Optimierung der Strukturparameter eines magnetorheologischen Dämpfers hinsichtlich Fahrkomfort und Fahrstabilität [39]. Weitere Anwendungen des NSGA-II aus dem Bereich der Fahrwerkentwicklung sind in [51, 53, 54, 55, 56, 194] zu finden.

Gao et al. nutzen einen adaptiven PSO-Algorithmus zur Optimierung einer McPherson-Achse hinsichtlich objektiver Fahrdynamikkriterien [57]. Für die Optimierung werden die Zusammenhänge zwischen Achsparametern und objektiven Bewertungskriterien in Form eines Metamodells nachgebildet. Ghorbany et al. verwenden einen multikriteriellen PSO-Algorithmus zur Optimierung eines Luftfederfahrwerk hinsichtlich Fahrkomfort- und Fahrstabilitätszielen [60]. Um die Konvergenzrate der Optimierung und Diversität der Schwarmteilchen zu verbessern wird chaotisches Verhalten in den Algorithmus integriert.

Abel wendet den FA zur Automatisierung einer Fahrwerkauslegungsmethode für die Konzeptphase der Fahrzeugentwicklung an [3]. Dabei wird gezielt die Eigenschaft des FA, mehrere unterschiedliche Optima zu identifizieren, zur Ermittlung verschiedener Auslegungsvarianten ausgenutzt. Mahmoodabadi et al. nutzen den FA zur Optimierung der Parameter eines Zwei-Massen-Modells und eines Fünf-Massen-Modells des Fahrwerks hinsichtlich des Fahrkomforts [98].

In weiteren Arbeiten werden verschiedene Optimierungsalgorithmen miteinander kombiniert, mit dem Ziel die jeweiligen Vorteile der Verfahren gezielt zu nutzen. Ein Beispiel hierfür ist die Arbeit von LLOPIS-ALBERT et al., in der verschiedene hybride Optimierungsverfahren zur Auslegung einer Doppelquerlenker-Vorderachse angewandt werden [95].

Weitere Optimierungsverfahren verfolgen das Ziel robuste optimale Lösungen zu ermitteln. Damit soll den veränderlichen Randbedingungen der Fahrzeugentwicklung Rechnung getragen werden. Ein häufig angewandtes Verfahren ist der Solution Space-Algorithmus (SSA). Dieser Algorithmus ermittelt auf Basis einer singulären Lösung einen Lösungsraum (Solution Space) in Form eines Hyperrechtecks mit maximalem Volumen [195]. Die Dimensionen des Lösungsraums repräsentieren entkoppelte Zielbereiche der zu optimierenden Parameter. WIMMLER et al. wenden den SSA zur simultanen Spezifikation von Achs- und Reifeneigenschaften auf Basis objektiver Fahrdynamikziele des Gesamtfahrzeugs an [183]. ABEL nutzt den SSA zur Konzeptauslegung von Fahrwerken hinsichtlich Fahrkomfort- und Fahrdynamikzielen [3]. ZARE et al. wenden das Verfahren zur robusten Auslegung von Funktions- und Systemgrößen einer Hinterachslenkung an [191]. ZIMMERMANN et al. führen mithilfe des SSA die Auslegung einer Fahrzeugfrontstruktur hinsichtlich Crash-Anforderungen durch [195].

Zusammenfassend werden der Stand der Technik rekapituliert und Schlussfolgerungen für diese Arbeit abgeleitet. Die Entwicklung moderner Fahrzeuge erfolgt nach verschiedenen Prozessmodellen, wobei das V-Modell die größte Verbreitung aufweist. Besonderes Merkmal ist die direkte Verbindung von Anforderungsspezifikation und Systemintegration über die Ebenen des Modells, die eine fortlaufende Zielvalidierung ermöglicht. Aktuelle Anwendungen bestätigen die Eignung des Modells für die effiziente Entwicklung komplexer, moderner Fahrzeuge. Folglich ist das V-Modell eine geeignete Basis für die Konzeption eines virtuellen Entwicklungsprozesses der kombinierten Längs- und Querdynamik.

Zur Realisierung einer durchgängigen Fahrzeugentwicklung sind simulationsbasierte Methoden essentiell. Für die virtuelle Entwicklung der Fahrdynamik existieren verschiedene geführte oder automatisierte Verfahren. Automatisierte Verfahren basieren zumeist auf Optimierungsansätzen und weisen u. a. für die

Entwicklung komplexer Systeme Effizienzvorteile auf. Anwendungsfokus der Methoden ist die Auslegung von System-, Subsystem- und Komponenteneigenschaften oder die Applikation und Absicherung von Gesamtfahrzeugeigenschaften. Einige Autoren präsentieren Methoden für den gesamten Fahrdynamikentwicklungsprozess. Für die Entwicklung der kombinierten Längs- und Querdynamik ist bisher kein durchgängiges simulationsbasiertes Verfahren verfügbar. Entsprechende Methoden sind noch zu entwickeln.

Für die Bewertung der Fahrdynamik sowie zur Definition von Gesamtfahrzeugzielen existieren zahlreiche subjektive und objektive Kriterien. Im Rahmen der Fahrzeugentwicklung werden i. d. R. beide Bewertungsverfahren, aufgrund der individuellen Stärken und Schwächen der Verfahren für bestimmte Entwicklungsphasen oder Untersuchungsschwerpunkte, angewandt. Wesentliche Vorteile des subjektiven Bewertungsverfahrens sind die Einbeziehung der menschlichen Wahrnehmung sowie die Berücksichtigung vielfältiger Einflussfaktoren. Nachteilig ist die Abhängigkeit von physischen Fahrzeugprototypen sowie der Einfluss individueller Präferenzen der Bewertenden. Grundlage objektiver Bewertungsverfahren sind auf Fahrdynamikgrößen basierende mathematische Kennwerte. Die objektive Bewertung erfolgt auf Basis von Messungen oder Simulationen. Damit ist das Verfahren frühzeitig im Entwicklungsprozess und unabhängig von physischen Prototypen einsetzbar. Objektive Bewertungsverfahren und Kriterien bilden daher die Grundlage der virtuellen Fahrzeugentwicklung. Weiterhin zeichnet sich die objektive Bewertung durch eine hohe Reproduzierbarkeit aus. Für die Fahrdynamik bei angetriebener Kurvenfahrt, einem Teilbereich der kombinierten Längs- und Querdynamik, sind etablierte Bewertungsvorgehen und Kriterien beschrieben. Die bestehenden Bewertungsverfahren weisen Nachteile hinsichtlich der Robustheit und dem erforderlichen Versuchsaufwand auf. Weiterhin ist der Zusammenhang zur menschlichen Wahrnehmung der Fahrdynamik oft nur unzureichend untersucht. Folglich besteht weiterer Forschungsbedarf zur Realisierung einer umfassenden und robusten objektiven Bewertung der Fahrdynamik bei angetriebener Kurvenfahrt.

Mathematische Methoden sind die Grundlage für die Untersuchung von Zusammenhängen zwischen subjektiven und objektiven Bewertungskriterien sowie für virtuelle Entwicklungsverfahren. Zur Analyse der Zusammenhänge zwischen der subjektiven und objektiven Eigenschaftsbewertung werden zumeist Korrelationsverfahren genutzt. Häufig erfolgt die Analyse mithilfe der Pearson-

Korrelation, da dieses Verfahren für statistisch kleine Datenmenge geeignet ist. Andere Verfahren erfordern i. d. R. umfassendere Datensätze, die u. a. für die kombinierte Längs- und Querdynamik oftmals nicht verfügbar sind.

Mithilfe von Sensitivitätsanalysemethoden werden Zusammenhänge zwischen System-, Subsystem- und Komponenteneigenschaften oder Applikationsparametern und objektiven Fahrzeugeigenschaften untersucht. Diesbezüglich weisen die varianzbasierte Sensitivitätsanalyse sowie die Elementareffektmethode eine hohe Einsatzhäufigkeit auf. Mit diesen Verfahren ist der globale quantitative Effekt von Systemparametern im gesamten Definitionsbereich analysierbar. Weiterhin sind die Verfahren zur Untersuchung von nichtlinearen Systemen geeignet. Mithilfe der Sensitivitätsanalyse kann somit ein umfassendes Wirkkettenverständnis zum jeweiligen System aufgebaut werden. Sensitivitätsanalysemethoden sind damit ein wichtiger Baustein virtueller Entwicklungsverfahren. Die Sensitivitätsanalyse kann beispielsweise zur Analyse von bisher unbekannten oder unzureichend untersuchten Wirkbeziehungen zwischen Fahrzeug- oder Regelsystemparametern und Kennwerten der kombinierten Längs- und Querdynamik genutzt werden.

Für die Auslegung von Fahrzeugeigenschaften oder die Applikation von Fahrzeugfunktionen werden oft Optimierungsverfahren genutzt. In den meisten fahrzeugtechnischen Anwendungen erfolgt eine Suche nach globalen Optima. Hierfür eignen sich v. a. stochastische Algorithmen, wie die Partikelschwarmoptimierung und der Firefly-Algorithmus, da diese in der Lage sind lokale Optima zu überspringen. Deterministische Verfahren wie die Bayes'sche Optimierung weisen i. d. R. eine höhere Effizienz als stochastische Verfahren auf und sind damit für die Optimierung rechenintensiver Zielfunktionen geeignet. Damit ist die Bayes'sche Optimierung eine potentiell geeignete Methode zur Identifikation von optimalen Applikationsparameterwerten komplexer Fahrdynamikregelsysteme für die kombinierte Längs- und Querdynamik. Weitere Algorithmen, wie der Solution Space-Algorithmus, identifizieren robuste optimale Lösungen. Derartige Verfahren sind damit für die Eigenschaftsauslegung hinsichtlich der kombinierten Längs- und Querdynamik interessant, da i. d. R. starke Abhängigkeiten zu weiteren Entwicklungsbereichen bestehen und folglich eine hohe Robustheit der Auslegung erstrebenswert ist.

3 Objektivierung der Fahrdynamik bei angetriebener Kurvenfahrt

Ausgangspunkt einer durchgängigen Fahrzeugentwicklung sind nachverfolgbare und eindeutig definierte Eigenschaftsziele des Gesamtfahrzeugs. Für die Definition von Zielen hinsichtlich der Fahrdynamik sind hierfür objektive Bewertungskriterien erforderlich. Dieses Kapitel stellt ein generisches Verfahren für die Identifikation robuster objektiver Fahrdynamikbewertungskriterien vor. Das Verfahren berücksichtigt sowohl Korrelationen zwischen objektiven und subjektiven Bewertungskriterien als auch Zusammenhänge zwischen Closed-loop (CL)- und Open-loop (OL)-Kennwerten. Mit der Anwendung des Verfahrens für die Fahrdynamik bei angetriebener Kurvenfahrt wird erstmalig ein umfassender Kriteriensatz für die Bewertung relevanter Fahreigenschaften für dieses Manöver hergeleitet.

3.1 Anforderungen an die objektiven Bewertungskriterien und Objektivierungsvorgehen

Im Folgenden werden Anforderungen an die zu identifizierenden objektiven Bewertungskriterien zur Anwendung für eine durchgängige Fahrdynamikentwicklung definiert. Im Anschluss daran folgen Erläuterungen zum Ablauf des generischen Objektivierungsvorgehens.

Die objektiven Kriterien sollten eine differenzierte Bewertung der für den jeweiligen Fahrdynamikbereich oder das jeweilige Manöver relevanten Fahrdynamikeigenschaften ermöglichen. Für die Fahrdynamik bei angetriebener Kurvenfahrt sind dies i. d. R. die Eigenschaften Kursführung, Fahrstabilität, Eigenlenkverhalten und Traktion [16, 64, 74, 83, 84, 134, 158, 172].

Eine weitere Anforderung ist die uneingeschränkte Anwendbarkeit der Kriterien für typische Personenkraftwagen unterschiedlicher Segmente. Insbesondere ist

J. Raabe, *Methoden zur durchgängigen virtuellen Eigenschaftsentwicklung von Fahrzeugen hinsichtlich kombinierter Längs- und Querdynamik*,
Wissenschaftliche Reihe Fahrzeugtechnik Universität Stuttgart,
https://doi.org/10.1007/978-3-658-50210-2_3

die Eignung für den objektiven Vergleich von Fahrzeugen unterschiedlicher Motorleistung zu gewährleisten.

Für die Anwendung im Rahmen der Fahrzeugentwicklung sollten die Bewertungskriterien auf typischen Fahrdynamikgrößen basieren, welche mit Standard-Messequipment von Fahrdynamikmessungen erfassbar sind. Weiterhin ist die Robustheit der Kriterien gegenüber temporären versuchsbedingten Schwankungen von Fahrdynamikgrößen bei der Messung sicherzustellen, um einen reproduzierbaren Vergleich verschiedener Fahrzeuge oder Fahrzeugvarianten im Fahrversuch zu ermöglichen.

Für die Identifikation der objektiven Bewertungskriterien wird folgendes Vorgehen gewählt. Zunächst wird ein OL-Manöver als Grundlage für die Ermittlung der objektiven Bewertungskriterien definiert. Aufbauend auf bestehender Literatur und physikalischen Überlegungen zur Fahrdynamik bei angetriebener Kurvenfahrt erfolgt die Definition potentieller Kennwerte für die Bewertung der Eigenschaften Kursführung, Fahrstabilität, Eigenlenkverhalten und Traktion. Die potentiellen Kennwerte werden auf Korrelationen zu Kennwerten eines CL-Manövers und etablierten Subjektivkriterien untersucht. Zur Generierung der erforderlichen Daten wird eine Fahrversuchsstudie mit speziell ausgewählten Fahrzeugvarianten und erfahrenen Testfahrerenden durchgeführt. Auf Grundlage der Korrelationsergebnisse erfolgt die Auswahl jeweils eines objektiven Kriteriums für jede untersuchte Eigenschaft aus der Gesamtheit an potentiellen Kennwerten. Abschließend wird die Eignung der identifizierten objektiven Bewertungskriterien durch eine weitere verkürzte Fahrversuchsstudie überprüft.

3.2 Fahrmanöver und subjektive Bewertungskriterien

Für die Analyse der Fahrdynamik bei angetriebener Kurvenfahrt hat sich ein Closed-loop (CL)-Verfahren mit subjektiver Bewertung der Fahrdynamikeigenschaften etabliert [172]. In dem CL-Manöver wird das Fahrzeug bei Kurvenfahrt mit einer definierten Fahrpedalbetätigung beschleunigt. Der Fahrende regelt dabei den Kurs des Fahrzeugs mittels entsprechender Lenkradbetätigungen. Oftmals wird das Manöver hintereinander in verschiedenen Kurven mit unterschiedlichen Radien durchgeführt, um einen möglichst großen Teil des fahrdynamischen Betriebsbereichs abzudecken [172]. Weiterhin erfolgt eine Variation der Fahrpedalbetätigung. Typischerweise wird das Manöver auf Handlingkursen von Prüfgeländen oder öffentlichen Straßen durchgeführt [74, 150, 172].

Für die Bewertung der Fahreigenschaften kommen individuelle Kriterien des jeweiligen Herstellers oder Lieferanten zum Einsatz. Eine Auswahl an Subjektivbewertungskriterien eines Fahrzeugherstellers ist in Tabelle 3.1 aufgeführt.

Tabelle 3.1: Kriterien zur subjektiven Bewertung der Fahrdynamik bei angetriebener Kurvenfahrt

Eigenschaft	Subjektivbewertungskriterium
Kursführung	Betrag und Richtung der resultierenden Kursabweichung infolge der Fahrpedalbetätigung *oder* Lenkradwinkelbedarf zur Kurskorrektur infolge der Fahrpedalbetätigung
Fahrstabilität	Regelaufwand zur Erhaltung eines sicheren Fahrzustands
Eigenlenkverhalten	Intensität des Über- oder Untersteuerns infolge der Fahrpedalbetätigung
Traktion	Höhe der resultierenden Längsbeschleunigung infolge der Fahrpedalbetätigung

Das beschriebene Verfahren ermöglicht eine ganzheitliche Bewertung des Gesamtsystems Fahrer-Fahrzeug-Umwelt in kundennahen Fahrszenarien und ist daher die Grundlage für die Eigenschaftsfreigabe im Fahrzeugentwicklungsprozess. Jedoch weist dieses Vorgehen Defizite hinsichtlich der Reproduzierbarkeit der Bewertungsergebnisse auf. Durch den regelnden Eingriff im CL-Manöver hat die Regelgüte des Fahrenden einen Einfluss auf das Bewertungsergebnis. Weiterhin ist gemäß den Erläuterungen in Kapitel 2.3 die subjektive Fahrdynamikbewertung durch das Vorwissen, individuelle Präferenzen und die aktuelle psychische sowie physische Verfassung der Bewertenden beeinflusst.

Zur Erhöhung der Objektivität ist eine Eigenschaftsbewertung auf Basis eines Open-loop (OL)-Manövers erstrebenswert. Im Folgenden wird ein entsprechendes Verfahren auf Basis der Arbeiten von Rompe et al. und Bergman vorgestellt [16, 134]. Der erste Teil des OL-Manövers ist eine stationäre Kreisfahrt gemäß ISO 4138, welche durch die stationäre Fahrgeschwindigkeit und Querbeschleunigung definiert ist [79]. Im zweiten Teil des Manövers erfolgt die Beschleunigung des Fahrzeugs mit einer definierten Fahrpedalstellung und fixiertem Lenkrad. Die Betätigung des Fahrpedals erfolgt dabei schlagartig. Der Lenkradwinkel entspricht dem Winkel der stationären Kreisfahrt und wird über den gesamten Beschleunigungsvorgang konstant gehalten. Dieses Manöver ist somit das OL-Äquivalent zu dem oben beschriebenen CL-Fahrmanöver. Gemäß der englischen Übersetzung wird das OL-Manöver nachfolgend als *Power-on in curve (PONC)* bezeichnet. Das PONC-Manöver kommt in gleicher oder ähnlicher Definition in verschiedenen Publikationen zur Anwendung [16, 52, 64, 74, 103, 134, 158, 166, 172, 182].

Durch die entsprechende Wahl der Manöverparameter kann mit dem PONC-Manöver die Fahrdynamik eines Fahrzeugs in unterschiedlichen fahrdynamischen Betriebsbereichen objektiv analysiert werden. Die stationäre Fahrgeschwindigkeit und Querbeschleunigung werden aufbauend auf Analysen zur typischen Nutzung eines Fahrzeugs auf öffentlichen Straßen und unter Berücksichtigung räumlicher Limitierungen von Prüfgeländen, Empfehlungen der Norm ISO 4138 sowie Fahrdynamikgrenzen aktueller Personenkraftwagen gewählt [79]. Die Auswahl der Manöverparameter ist ausführlich in [128] und [129] beschrieben.

In Tabelle 3.2 sind die in dieser Arbeit genutzten Varianten des PONC-Manövers spezifiziert. Für die Analyse der Fahrdynamik in unterschiedlichen Betriebsbereichen werden zwei Manövervarianten definiert. Das Manöver für die Analyse der Fahrdynamik im mittleren Querbeschleunigungsbereich wird als *PONC4040* bezeichnet. Das Manöver für den hohen Querbeschleunigungsbereich erhält die Bezeichnung *PONC7560*.

Tabelle 3.2: Parameter der Manöver PONC4040 und PONC7560

	PONC4040	**PONC7560**
Stationäre Querbeschleunigung $a_{y,0}$	4,0 m/s^2	7,5 m/s^2
Stationäre Fahrgeschwindigkeit $v_{h,0}$	40 km/h	60 km/h

Hinsichtlich der Fahrpedalbetätigung beschränkt sich diese Arbeit auf die Beschleunigung mit maximalem Fahrpedalwinkel, da dieser Zustand ohne weitere

Hilfsmittel durch den Fahrenden oder einen Fahrpedalroboter reproduzierbar einstellbar ist. Die Vergleichbarkeit von Fahrzeugen mit unterschiedlicher Motorisierung und verschiedenen Antriebsarten wird durch eine geschwindigkeitsbasierte Versuchsauswertung gewährleistet. Das Auswertungsverfahren ist im Zusammenhang mit der Kriteriendefinition im folgenden Unterkapitel beschrieben.

Für Fahrzeuge mit mehrstufigem Kennungswandler (Getriebe) wird eine für den Geschwindigkeitsbereich des PONC-Manövers passende Gangstufe gewählt. In dem gewählten Gang soll das Fahrzeug ein möglichst hohes Beschleunigungspotential aufweisen. Weiterhin muss die maximale Geschwindigkeit des Manövers erreichbar sein. Dadurch werden Gangwechsel im Auswertebereich des PONC-Manövers und entsprechende Auswirkungen auf die Fahrdynamikbewertung vermieden. Auf diese Weise wird eine Vergleichbarkeit von Fahrzeugen mit ein- und mehrstufigen Getrieben erreicht.

3.3 Definition robuster objektiver Bewertungskriterien

In diesem Unterkapitel erfolgt die Definition potentieller Kennwerte für die objektive Bewertung der Kursführung, der Fahrstabilität, des Eigenlenkverhaltens und der Traktion bei angetriebener Kurvenfahrt. Grundlage der Bewertung ist das im vorherigen Abschnitt definierte PONC-Manöver. Die Kennwertdefinition basiert auf den Erkenntnissen vorangegangener Arbeiten (siehe Kapitel 2.3) sowie auf Überlegungen zur Fahrphysik. Im Folgenden werden geeignete Fahrdynamikgrößen als Basisgrößen zur Bewertung der genannten Eigenschaften ausgewählt sowie Intervalle für die Auswertung im PONC-Manöver definiert.

Die Übersicht zu objektiven Bewertungskriterien aus der Literatur in Tabelle 2.2 zeigt, dass die Kursführung oftmals auf Basis der Fahrdynamikgrößen Giergeschwindigkeit $\dot{\psi}$ und Querbeschleunigung a_y bewertet wird. Diese Fahrdynamikgrößen stehen im direkten mathematischen Zusammenhang zum Bahnradius R_P der Fahrzeugbewegung wie Gl. 3.1 gemäß [106] zeigt. Weitere physikalische Größen dieses Zusammenhangs sind die Horizontalgeschwindigkeit v_h und die Schwimmwinkelgeschwindigkeit im Fahrzeugschwerpunkt $\dot{\beta}$. Der Zusammenhang auf der rechte Seite von Gl. 3.1 gilt näherungsweise für geringe Werte des Fahrzeugschwimmwinkels β.

$$R_{\mathrm{P}} = \frac{v_{\mathrm{h}}}{\dot{\psi} + \dot{\beta}} \approx \frac{{v_{\mathrm{h}}}^2}{a_y} \qquad \text{Gl. 3.1}$$

Oftmals werden zur Bewertung der Änderung des Bahnradius bzw. der Kursabweichung im PONC-Manöver die Giergeschwindigkeit und Querbeschleunigung auf Referenzwerte bezogen, wie in Gl. 3.2 und Gl. 3.3 gezeigt [74, 77, 158]. Die Referenzwerte $\dot{\psi}_{\mathrm{Ref}}$ und $a_{y,\mathrm{Ref}}$ repräsentieren ein Fahrzeugverhalten, bei dem der Radius der stationären Kreisfahrt R_0 bei einer Änderung der Längsgeschwindigkeit v_x beibehalten wird. Diese Definition ermöglicht somit einen Vergleich des Fahrzeugverhaltens mit einem ideal neutralen Fahrverhalten. Daher wird die bezogene Bewertung im Rahmen dieser Arbeit aufgegriffen. Zudem werden weitere Kennwerte zur Bewertung der Kursführung auf Basis der Fahrdynamikgrößen Giergeschwindigkeit $\dot{\psi}$ und Querbeschleunigung a_y definiert. Alle potentiellen Kennwerte sind in Tabelle 3.3 aufgeführt.

$$\frac{\dot{\psi}}{\dot{\psi}_{\mathrm{Ref}}} = \frac{\dot{\psi}}{v_x / R_0} \qquad \text{Gl. 3.2}$$

$$\frac{a_y}{a_{y,\mathrm{Ref}}} = \frac{a_y}{{v_x}^2 / R_0} \qquad \text{Gl. 3.3}$$

Eine weitere Kenngröße zur Bewertung der Kursführung ist der laterale Versatz Δs_y der Fahrzeugbahnkurve zur Bahnkurve bei stationärer Kreisfahrt. Für eine reproduzierbare und exakte Bestimmung dieses Wertes im Fahrversuch bedarf es spezieller Abstandsmesstechnik. Diese Messtechnik gehört i. d. R. nicht zum Standardumfang von Fahrdynamikmessungen, weswegen der laterale Versatz für die Kennwertdefinition nicht berücksichtigt wird.

Häufig erfolgt die Bewertung der Fahrstabilität auf Basis des Schwimmwinkels im Fahrzeugschwerpunkt β und an der Hinterachse β_{h} sowie der Schwimmwinkelgeschwindigkeit im Schwerpunkt $\dot{\beta}$ [1, 12, 13, 30, 50, 62, 64, 66, 83, 105, 187]. Darüber hinaus werden β und $\dot{\beta}$ im Electronic Stability Control (ESC)-Algorithmus verwendet [173]. Aus Studien ist bekannt, dass hohe Schwimmwinkel und Schwimmwinkelgeschwindigkeiten von Fahrenden als instabil wahrgenommen werden [16, 62]. Neben dem Schwimmwinkel dient die Gierbeschleunigung $\ddot{\psi}$ des Fahrzeugs als Basisgröße für Stabilitätskennwerte u. a. in [16, 161]. Hohe absolute Werte der Gierbeschleunigung korrespondieren mit einem instabilen und schwierig kontrollierbarem Fahrverhalten [161]. Die Fahrdynamikgrößen $\ddot{\psi}$, β, β_{h} und $\dot{\beta}$ bilden die Grundlage der Definition von Fahrstabilitätskennwerten in dieser Arbeit.

Das Eigenlenkverhalten beschreibt die Änderung des Radius der Fahrzeugbahnkurve infolge einer quasistationären Geschwindigkeitsänderung bei Kreisfahrt [106]. Bei einem untersteuernden Eigenlenkverhalten vergrößert sich der Bahnradius bei einer Geschwindigkeitszunahme und gleichbleibendem Lenkradwinkel. Im Gegensatz dazu verringert sich der Kreisbahnradius infolge der Geschwindigkeitserhöhung im Fall eines übersteuernden Eigenlenkverhalten. Verändert sich der Kreisbahnradius bei einer Zunahme der Fahrgeschwindigkeit und einem konstant gehaltenen Lenkradwinkel nicht, so spricht man von einem neutralen Eigenlenkverhalten. Diese Fälle werden anhand des Eigenlenkgradienten U gemäß Gl. 3.4 unterschieden [41]. Der Eigenlenkgradient U ist definiert als Gradient des bezogenen kinematischen Lenkwinkels $\delta_{\mathrm{inc,kin}}$ über der Querbeschleunigung a_y abzüglich des Gradienten des Ackermannwinkels δ_{A} bezüglich der Querbeschleunigung.

$$U = \frac{\partial \delta_{\mathrm{inc,kin}}}{\partial a_y} - \frac{d\delta_{\mathrm{A}}}{da_y} \qquad \text{Gl. 3.4}$$

Für die Fahrdynamik im linearen Bereich kann der Zusammenhang zwischen dem Bahnradius R_{P}, der Giergeschwindigkeit $\dot{\psi}$, dem Schwimmwinkel im Fahrzeugschwerpunkt β sowie dem Eigenlenkgradient U über die linearen Einspurmodell-Gleichungen Gl. 3.5, Gl. 3.6 und Gl. 3.7 beschrieben werden [2, 41, 106]. In diesen Gleichungen ist δ_0 der stationäre Lenkwinkel. Die Variablen l, $l_{\mathrm{v/h}}$, m_{F} und $c_{\alpha,\mathrm{h}}$ repräsentieren die Fahrzeugparameter Radstand, Abstand Fahrzeugschwerpunkt zu Vorderachse bzw. Hinterachse, Fahrzeugmasse und Schräglaufsteifigkeit der Hinterachse.

$$R_{\mathrm{P}} = (l + U{v_{\mathrm{h}}}^2)\,\frac{1}{\delta_0} \qquad \text{Gl. 3.5}$$

$$\dot{\psi} = \frac{v_{\mathrm{h}}}{l + U{v_{\mathrm{h}}}^2}\,\delta_0 \qquad \text{Gl. 3.6}$$

$$\beta = \frac{l_{\mathrm{h}} - \frac{m_{\mathrm{F}} l_{\mathrm{v}}}{c_{\alpha,\mathrm{h}} l} {v_{\mathrm{h}}}^2}{l + U {v_{\mathrm{h}}}^2} \delta_0 \qquad \text{Gl. 3.7}$$

Generell gelten die gezeigten Zusammenhänge nur für den stationären Gleichgewichtszustand bei einer Kreisfahrt und sind nicht auf transiente Geschwindigkeitsänderungen wie im PONC-Manöver übertragbar [106]. Dennoch können auf Basis der Gl. 3.5, Gl. 3.6 und Gl. 3.7 Tendenzen hinsichtlich des Eigenlenkverhaltens bei transienten Geschwindigkeitsänderungen abgeleitet werden. Weiterhin zeigen die erläuterten physikalischen Zusammenhänge, dass die Fahrdynamikgrößen Bahnradius R_{P}, Giergeschwindigkeit $\dot{\psi}$ sowie der Schwimmwinkel im Schwerpunkt β und an der Hinterachse β_{h} geeignete Basisgrößen für die Beurteilung des Eigenlenkverhaltens eines Fahrzeugs sind.

Die Traktion eines Fahrzeugs wird typischerweise bei Geradeausfahrt auf Basis der Zugkraft oder Längsbeschleunigung des Fahrzeugs bewertet [69, 70, 134]. Für die Traktionsbewertung bei Kurvenfahrt gibt es nur wenige objektive Kriterien in der Literatur. Zum Beispiel definiert Huneke die Geschwindigkeitsänderung zu festgelegten Zeitpunkten nach dem Beginn der Beschleunigung aus der stationären Kreisfahrt als objektives Bewertungskriterium der Traktion [74]. Die etablierten Kennwerte ermöglichen einen Absolutvergleich von Fahrzeugen hinsichtlich der Traktion bzw. des Beschleunigungspotentials. Auf Basis der Kennwerte ist somit u. a. ein objektiver Vergleich verschiedener Antriebsarten und Motorisierungen durchführbar. Angelehnt an die Traktionsbewertung bei Geradeausfahrt werden in dieser Arbeit Kennwerte auf Grundlage der Längsbeschleunigung a_x, der Tangentialbeschleunigung a_{t} und der Horizontalbeschleunigung a_{h} definiert. Die Zugkraft des Fahrzeugs wird nicht als Basisgröße verwendet, da deren Messung bei angetriebener Kurvenfahrt nur mit großem Aufwand realisierbar ist.

Typischerweise erfolgt die Auswertung der Kennwerte im PONC-Manöver in definierten Zeiträumen oder zu diskreten Zeitpunkten nach dem Beschleunigungsbeginn [74, 77, 134]. Die Auswertung diskreter Zeitpunkte weist Nachteile hinsichtlich der Robustheit der Bewertungsergebnisse des Fahrversuchs auf, wie eine Analyse in [129] zeigt. Weiterhin ist bei der zeitbasierten Auswertung ein objektiver Vergleich von Fahrzeugen unterschiedlicher Motorisierung nur bedingt möglich. Antriebsleistung und -drehmoment des Fahrzeugs beeinflussen maßgeblich die Änderung der Fahrgeschwindigkeit im PONC-Manöver [129].

Daraus resultieren Auswirkungen auf weitere Fahrdynamikgrößen, wie beispielsweise Gl. 3.5, Gl. 3.6 und Gl. 3.7 zeigen. Bei der Bewertung der Kursführung, der Fahrstabilität und dem Eigenlenkverhalten ist dieser dominante Einfluss von Antriebsleistung und -drehmoment unerwünscht. Einflüsse anderer Fahrzeugeigenschaften, wie z. B. der Fahrwerkeigenschaften, können dadurch möglicherweise vollständig verdeckt werden. Daher wird in dieser Arbeit eine alternative Intervalldefinition angestrebt.

Aufbauend auf vorherigen Arbeiten [128, 129] wird eine geschwindigkeitsbasierte Intervalldefinition gewählt. Die Auswertung der Fahrdynamikkennwerte erfolgt in den Geschwindigkeitsintervallen $[v_{\mathrm{h},0}...v_{\mathrm{h},0} + 10\,\mathrm{km/h}]$ und $[v_{\mathrm{h},0}...v_{\mathrm{h},0} + 20\,\mathrm{km/h}]$. Die Variable $v_{\mathrm{h},0}$ repräsentiert die Geschwindigkeit beim Beschleunigungsbeginn. Folglich werden unterschiedliche Fahrzeuge stets im gleichen Geschwindigkeitsintervall analysiert, wodurch der rein geschwindigkeitsbedingte Einfluss auf die Fahrdynamikgrößen entfällt. Die Vor- und Nachteile unterschiedlicher Antriebsarten und Motorisierungen hinsichtlich der Traktion sind weiterhin auf Grundlage der Längsbeschleunigung a_x, der Tangentialbeschleunigung a_{t} und der Horizontalbeschleunigung a_{h} bewertbar.

Abbildung 3.1 veranschaulicht die geschwindigkeitsbasierte Intervalldefinition anhand der Bahnkurven zweier Fahrzeuge mit unterschiedlicher Motorisierung. In der Abbildung sind die Positionen der Fahrzeuge im PONC-Manöver im ortsfesten Koordinatensystem mit den Achsen x_{E} und y_{E} dargestellt. Weiterhin sind der Beschleunigungsbeginn, das Ende des Geschwindigkeitsintervalls $[v_{\mathrm{h},0}...v_{\mathrm{h},0} + 10\,\mathrm{km/h}]$ und der Endpunkt des Intervalls $[v_{\mathrm{h},0}...v_{\mathrm{h},0} + 20\,\mathrm{km/h}]$ eingezeichnet. Die Abbildung zeigt, dass mit der gewählten Intervalldefinition Fahrzeuge mit unterschiedlicher Motorisierung unterschiedliche Wegstrecken im PONC-Manöver zurücklegen. Fahrzeuge mit einer hohen Antriebsleistung erreichen tendenziell höhere Längsbeschleunigungen als Fahrzeuge mit geringerer Leistung. Daher ist die Wegstrecke bis zum Erreichen einer Geschwindigkeitsdifferenz von 20 km/h bei Fahrzeugen mit hoher Leistung tendenziell kürzer als bei Fahrzeugen mit geringerer Leistung.

Auf Basis der ausgewählten Fahrdynamikgrößen und den Geschwindigkeitsintervalle werden nachfolgend potentielle Kennwerte für die Bewertung der Eigenschaften Kursführung, Fahrstabilität, Eigenlenkverhalten und Traktion definiert. Die Kennwertdefinition erfolgt unter besonderer Berücksichtigung

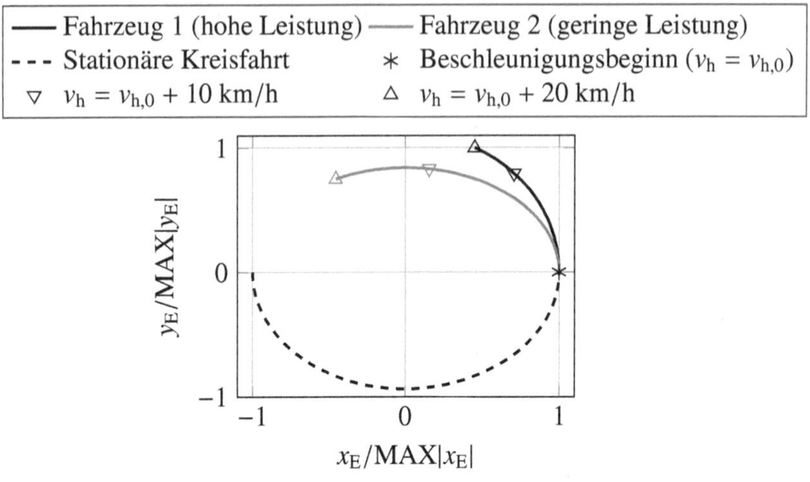

Abbildung 3.1: Bahnkurven zweier Fahrzeuge mit unterschiedlicher Antriebsleistung im PONC-Manöver

der Robustheit gegenüber versuchsbedingten Schwankungen der Fahrdynamikgrößen. Vorangegangene Untersuchungen [129] zeigen, dass eine Definition auf Grundlage des arithmetischen Mittelwerts (AMW), des quadratischen Mittelwerts (QMW), dem Minimum (MIN) und Maximum (MAX) zu robusteren Kennwerten führt, als die Auswertung von diskreten Zeitpunkten. Die Kennwertdefinition erfolgt daher ausschließlich unter Verwendung der genannten mathematischen Funktionen. Der quadratische Mittelwert wird alternativ zum arithmetischen Mittelwert für Fahrdynamikgrößen angewandt, bei denen nur der absolute Wert und nicht das Vorzeichen relevant sind. Weiterhin werden die Funktionen MIN und MAX nur dann verwendet, wenn die physikalischen Überlegungen zu einer Fahrdynamikgröße ein entsprechend ausgeprägtes Minimum oder Maximum vermuten lassen. Zudem erfolgt teilweise eine Normierung auf den Wert der Basisgröße (Fahrdynamikgröße) bei stationärer Kreisfahrt, um u. a. messungsbedingte Offsets zu eliminieren. Alle potentiellen Kennwerte sind zusammenfassend in Tabelle 3.3 aufgeführt.

Die in Tabelle 3.3 aufgeführten potentiellen Kennwerte werden in Unterkapitel 3.5 auf Korrelationen zu etablierten Subjektivbewertungskriterien unter-

Tabelle 3.3: Potentielle Kennwerte der Kursführung (KF), der Fahrstabilität (FS), des Eigenlenkverhaltens (EV) und der Traktion (TR)

Eigenschaft	Basisgröße	Potentielle Kennwerte
KF	$\dot{\psi}$	AMW($\dot{\psi} - \dot{\psi}_0$), MAX($\dot{\psi} - \dot{\psi}_0$), MIN($\dot{\psi} - \dot{\psi}_0$)
		AMW($\dot{\psi}/\dot{\psi}_0$), MAX($\dot{\psi}/\dot{\psi}_0$), MIN($\dot{\psi}/\dot{\psi}_0$)
		AMW($\dot{\psi} - \dot{\psi}_{\mathrm{Ref}}$), MAX($\dot{\psi} - \dot{\psi}_{\mathrm{Ref}}$), MIN($\dot{\psi} - \dot{\psi}_{\mathrm{Ref}}$)
		AMW($\dot{\psi}/\dot{\psi}_{\mathrm{Ref}}$), MAX($\dot{\psi}/\dot{\psi}_{\mathrm{Ref}}$), MIN($\dot{\psi}/\dot{\psi}_{\mathrm{Ref}}$)
	a_y	AMW($a_y/a_{y,\mathrm{Ref}}$), MAX($a_y/a_{y,\mathrm{Ref}}$), MIN($a_y/a_{y,\mathrm{Ref}}$)
FS	$\ddot{\psi}$	QMW($\ddot{\psi}$), MAX($\lvert\ddot{\psi}\rvert$)
	β	AMW($\beta - \beta_0$), MIN($\beta - \beta_0$), AMW(β)/β_0, MIN(β)/β_0
	β_{h}	AMW($\beta_{\mathrm{h}} - \beta_{\mathrm{h,0}}$), MIN($\beta_{\mathrm{h}} - \beta_{\mathrm{h,0}}$), AMW($\beta_{\mathrm{h}}$)/$\beta_{\mathrm{h,0}}$, MIN($\beta_{\mathrm{h}}$)/$\beta_{\mathrm{h,0}}$
	$\dot{\beta}$	QMW($\dot{\beta}$), MAX($\dot{\beta}$)
EV	$\dot{\psi}$	AMW($\dot{\psi} - \dot{\psi}_0$), MAX($\dot{\psi} - \dot{\psi}_0$), MIN($\dot{\psi} - \dot{\psi}_0$)
	β	AMW($\beta - \beta_0$), MIN($\beta - \beta_0$), AMW(β)/β_0, MIN(β)/β_0
	β_{h}	AMW($\beta_{\mathrm{h}} - \beta_{\mathrm{h,0}}$), MIN($\beta_{\mathrm{h}} - \beta_{\mathrm{h,0}}$), AMW($\beta_{\mathrm{h}}$)/$\beta_{\mathrm{h,0}}$, MIN($\beta_{\mathrm{h}}$)/$\beta_{\mathrm{h,0}}$
	R_{P}	AMW($R_{\mathrm{P}}/R_{\mathrm{P,0}}$), MAX($R_{\mathrm{P}}/R_{\mathrm{P,0}}$), MIN($R_{\mathrm{P}}/R_{\mathrm{P,0}}$)
TR	a_x	AMW(a_x), MAX(a_x)
	a_{t}	AMW(a_{t}), MAX(a_{t})
	a_{h}	AMW(a_{h}), MAX(a_{h})

sucht. Weiterhin erfolgt eine Analyse der Korrelationen zwischen CL- und OL-Kennwerten. Im folgenden Abschnitt ist die Fahrversuchsstudie zur Generierung der erforderlichen Daten für die Korrelationsanalyse beschrieben.

3.4 Fahrversuchsstudie zur Generierung subjektiver und objektiver Bewertungen

Zur Generierung einer Datenbasis für die Analyse von Korrelationen zwischen subjektiven und objektiven Bewertungen sowie den Ergebnissen aus dem Closed-loop (CL)- und Open-loop (OL)-Bewertungsverfahren wird eine Fahrversuchsstudie durchgeführt. Der Aufbau und die Durchführung der Studie sind nachfolgend beschrieben.

Für die Fahrversuchsstudie werden sechs Varianten eines Oberklasse-SUV mit Allradantrieb und Torque Vectoring (TV) aufgebaut. Die Serienausführung des Fahrzeugs stellt die Bewertungsreferenz dar. Die wesentlichen technischen Daten dieses Fahrzeugs, welches nachfolgend als *Referenz* bezeichnet wird, sind in Tabelle A1.1 im Anhang aufgeführt. Weitere Fahrzeugvarianten werden durch die Veränderung der Antriebsmomentverteilung (AMV) zwischen Vorder- und Hinterachse, der Verteilung des Antriebsmoments an der Hinterachse (TV) und des maximalen Systemdrehmoments (MSD) generiert. Während der Fahrversuche ist die ESC bei allen Varianten deaktiviert, um unerwünschte Einflüsse auf die Fahrdynamik durch Eingriffe des Regelsystems zu vermeiden. Alle Fahrzeugvarianten und deren Eigenschaften sind zusammenfassend in Tabelle 3.4 aufgeführt. Das Vorgehen der Variantengenerierung und die erwarteten Einflüsse auf die Fahreigenschaften Kursführung (KF), Fahrstabilität (FS), Eigenlenkverhalten (EV) und Traktion (TR) sind nachfolgend beschrieben.

Das Referenzfahrzeug weist ein annähernd neutrales Fahrverhalten auf. Bei der Variante *TV gering* ist die proportionale Giermomentverstärkung des TV-Systems gegenüber dem Referenzfahrzeug um ca. 80 % verringert. Folglich ist eine Verstärkung der Untersteuertendenz zu erwarten. Die erhöhte Untersteuertendenz bedingt einen höheren Lenkradwinkelbedarf für die Kursführung und eine verminderte Traktion bei Kurvenfahrt. Weiterhin ist mit einer Verringerung der Fahrstabilität zu rechnen. Die Variante *TV hoch* zeichnet sich durch eine Erhöhung der Proportionalverstärkung des TV-Giermoments um ca. 270 % gegenüber der des Referenzfahrzeugs aus. Demnach ist mit einem verminderten Lenkradwinkelbedarf für die Kursführung, einer stärkeren Übersteuertendenz sowie einer erhöhten Traktion zu rechnen. Aufgrund der erhöhten Übersteuertendenz ist zudem eine Verminderung der Fahrstabilität zu erwarten.

Tabelle 3.4: Fahrzeugvarianten der Fahrversuchsstudie

Fahrzeug-variante	**Eigenschaftsvariation (qualitativ)**				**Modifikation**
	KF	**FS**	**EV**	**TR**	
Referenz	0	0	0	0	keine Modifikation
TV gering	-	-	-	-	TV-Giermoment +80 %
TV hoch	+	-	+	+	TV-Giermoment −270 %
AMV front	+	+	0	-	MSD: −56 %, AMV: 80 % VA/ 20 % HA
AMV gleich	+	+	0	-	MSD: −38 %, AMV: 50 % VA/ 50 % HA
AMV heck	0	-	+	0	MSD: −20 %, AMV: 20 % VA/ 80 % HA

Für die Erzeugung drei weiterer Fahrzeugvarianten werden das MSD sowie die AMV zwischen den Achsen angepasst. Auf diese Weise soll das Fahrverhalten eines schwach motorisierten Fahrzeugs mit Frontantrieb (Variante *AMV front*), eines durchschnittlich motorisierten Fahrzeugs mit Allradantrieb (Variante *AMV gleich*) und eines stark motorisierten Fahrzeugs mit Heckantrieb (Variante *AMV heck*) nachempfunden werden. Aufgrund des verringerten MSD ist für die Varianten *AMV front* und *AMV gleich* eine verbesserte Kursführung sowie eine erhöhte Fahrstabilität gegenüber dem Referenzfahrzeug zu erwarten. Die Variante *AMV heck* zeichnet sich durch eine hecklastige AMV und ein hohes MSD aus. Aufgrund der hohen Antriebsmomente an der Hinterachse ist eine stärkere Übersteuertendenz im Vergleich zur *Referenz* und eine damit verbundene Minderung der Fahrstabilität zu erwarten. Hauptursache für die erwarteten Eigenschaftsveränderungen ist der Zusammenhang zwischen Längs- und Querkräften am Reifen [115]. Die Vektorsumme aus Längs- und Querkraft eines Reifens ist durch das maximale Reibkraftpotential begrenzt. Durch hohe Antriebskräfte wird das Reibkraftpotential weitgehend oder vollständig in Längsrichtung ausgenutzt, wodurch sich die Querkraft am Reifen entsprechend verringert. Dies führt zu einer Reduktion der Seitenführungskraft der betreffenden Achse. Die Folge ist eine Erhöhung des Achsschräglaufwinkels sowie im Grenzfall das seitliche Rutschen der Achse bei Kurvenfahrt. Hohe Antriebsmomente an einer Achse wirken sich somit tendenziell nachteilig auf die Kursführung und Fahrstabilität des Fahrzeugs aus. Weiterhin führt eine Reduktion des MSD zu einer verminderten Längsbeschleunigung. Folglich steht dem Fahrenden mehr Zeit zur Stabilisierung des Fahrzeugs zur Verfügung. Dadurch erhöht sich die empfundene Fahrstabilität. Gleichzeitig ergeben sich Nachteile hinsichtlich der Traktion.

Die Nutzung von verschiedenen Varianten eines Fahrzeugs bietet Vorteile hinsichtlich der Qualität der subjektiven Bewertungsergebnisse [111, 119, 133, 176]. Neben den gezielt veränderten Fahrzeugeigenschaften werden weitere Eigenschaften (u. a. Sitzposition, Haptik der Bedienelemente, Sichtverhältnisse) konstant gehalten. Dadurch werden Störeinflüsse auf die Eigenschaftsbewertung minimiert und eine mögliche Voreingenommenheit der Bewertenden verhindert [66, 89, 151]. Die beschriebenen Modifikationen sind über Online-Softwareanpassungen realisierbar. Dadurch kann der Wechsel der Fahrzeugvarianten während der Fahrt und innerhalb kurzer Zeit erfolgen. Die Modifikationen sind zudem für die Bewertenden nicht offensichtlich.

Die Subjektivbewertung erfolgt in Anlehnung an das Vorgehen eines Fahrzeugherstellers. Der dafür genutzte Handlingkurs ist in Abbildung 3.2 schematisch dargestellt. Für die Bewertung stehen mehrere Kurven zur Verfügung, wobei der Fokus auf der 180°-Kurve liegt. Der Radius dieser Kurve ist vergleichbar mit den Kurvenradien der stationären Kreisfahrt der Manöver PONC4040 und PONC7560. Die Bewertung erfolgt separat für die Beschleunigung aus dem mittleren und hohen Querbeschleunigungsniveau korrespondierend zu den stationären Querbeschleunigungen in den Manövern PONC4040 und PONC7560. Hierzu werden Kurveneingangsgeschwindigkeiten für die 180°-Kurve definiert, sodass bei Beschleunigungsbeginn eine Querbeschleunigung von ca. $4{,}0\,m/s^2$ bzw. $7{,}5\,m/s^2$ erreicht ist.

Die subjektive Eigenschaftsbewertung erfolgt auf Basis des in Tabelle A2.1 gezeigten Subjektivbewertungsbogens und einer 11-stufigen bipolaren Bewertungsskala. Es erfolgt eine quasi-objektive Bewertung der Fahreigenschaften, um den Einfluss von individuellen Präferenzen der Bewertenden möglichst gering zu halten. Die Items des Bewertungsbogens entsprechen den etablierten

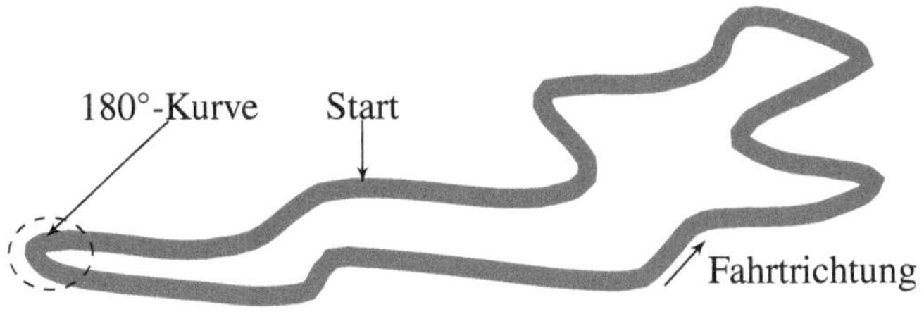

Abbildung 3.2: Handlingkurs für die subjektive Eigenschaftsbewertung

Bewertungskriterien für die Fahrdynamik bei angetriebener Kurvenfahrt aus Tabelle 3.1. Die Bewertung der Fahrzeugvarianten erfolgt stets relativ zum Referenzfahrzeug. Die 11-stufige Bewertungsskala ermöglicht die Differenzierung der fünf Fahrzeugvarianten gegenüber der *Referenz* in einer Richtung der Skala. Das Referenzfahrzeug erhält standardmäßig den Wert 0.

Vor dem Beginn der Bewertung hat jeder Bewertende die Möglichkeit sich mit der Fahrdynamik des Referenzfahrzeugs in ein bis zwei Runden auf dem Handlingkurs vertraut zu machen. Danach erfolgt der Wechsel der Fahrzeugvariante und deren subjektive Bewertung auf Basis von ein bis zwei Runden auf dem Handlingkurs. Im Anschluss daran wird wieder zum Referenzfahrzeug gewechselt, um eine gleichbleibende Bewertungsreferenz sicherzustellen [35, 91, 146]. Danach erfolgt die Bewertung der nächsten Fahrzeugvariante. Dieses Vorgehen wird so lange durchgeführt, bis die Bewertung aller Fahrzeugvarianten abgeschlossen ist. Die Reihenfolge der Varianten ist zufällig und variiert zwischen den Bewertenden, um Reihenfolgeeffekte zu vermeiden [138]. Das Probandenkollektiv umfasst sieben professionelle Testfahrende. Auf eine Einbeziehung von unerfahrenen Fahrenden wird aufgrund der zu erwartenden geringeren Qualität der Bewertungsergebnisse verzichtet [4, 66, 89, 93].

Für die Generierung von CL-Kennwerten werden während der Subjektivbewertung relevante Fahrdynamikgrößen mit üblicher Fahrdynamikmesstechnik bestehend aus einem Messlenkrad, einer satellitengestützten inertialen Messeinheit sowie Sensoren für Reifendruck und -temperatur aufgezeichnet. Die Kennwertberechnung basiert auf den Daten der 180°-Kurve des Handlingkurses. Weiterhin werden die Manöver PONC4040 und PONC7560 mit allen Fahrzeugvarianten durchgeführt und basierend auf den aufgezeichneten Messgrößen OL-Kennwerte generiert.

3.5 Auswertung der Fahrversuchsstudie und Ergebnis des Objektivierungsverfahrens

In diesem Kapitel erfolgt die Auswertung der Fahrversuchsstudie und die Analyse der korrelativen Zusammenhänge zwischen CL- und OL-Kennwerten sowie den Subjektivbewertungen. Weiterhin wird ein Satz an objektiven Kriterien für die umfassende Bewertung der Fahrdynamik bei angetriebener Kurvenfahrt als Ergebnis des Objektivierungsverfahrens vorgestellt.

3.5.1 Auswertung der Subjektivbewertungen

Für die Auswertung der Subjektivbewertungen werden Medianwerte der Bewertungsergebnisse aller Probanden berechnet. Die Auswertung erfolgt separat für die Bewertung bei mittlerer und hoher initialer Querbeschleunigung. Abbildung 3.3 zeigt die Medianwerte der Bewertungsergebnisse für die sechs analysierten Fahrzeugvarianten, welche nachfolgend diskutiert werden.

Die in Abbildung 3.3 dargestellten Ergebnisse der subjektiven Eigenschaftsbewertung bestätigen die Erwartungen an das Fahrverhalten der Fahrzeugvarianten weitestgehend. In Hinblick auf die Kursführung werden die Kursabweichungen der Varianten *AMV front* und *AMV gleich* als am geringsten bewertet. Ursache ist die Verringerung des MSD, was zur Erhöhung des Seitenkraftpotentials der Achsen gegenüber dem Referenzfahrzeug führt. Eine Verbesserung der Kursführung wird zudem durch die Erhöhung des Proportionalanteils des TV-Reglers erreicht, wie die Bewertung der Variante *TV hoch* im hohen Querbeschleunigungsbereich zeigt. Die Bewertungsergebnisse der Variante *TV gering* verdeutlichen, dass eine Verminderung des TV-Giermoments zu höheren Kursabweichungen führt.

Hinsichtlich der Fahrstabilität werden Fahrzeugvarianten mit einem reduzierten MSD (*AMV front* und *AMV gleich*) wie erwartet als stabilste Varianten

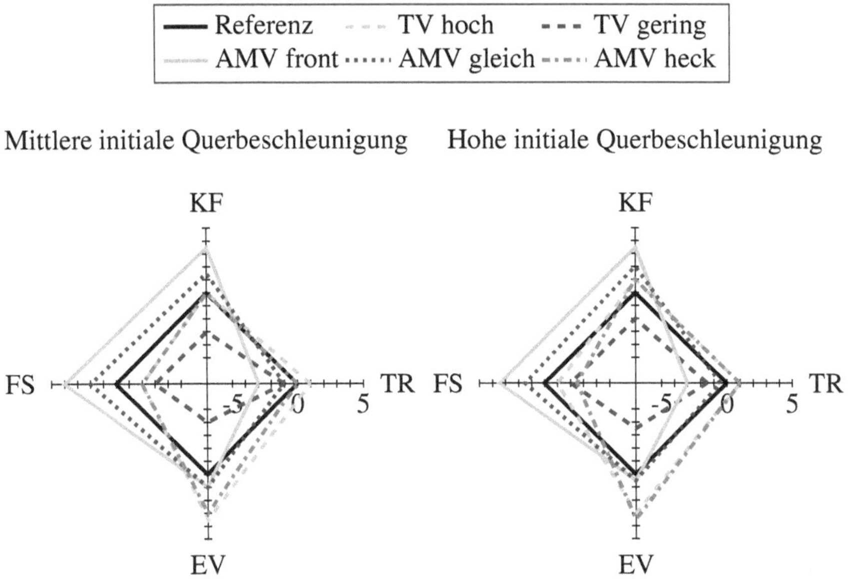

Abbildung 3.3: Subjektivbewertungsergebnisse zu Kursführung (KF), Fahrstabilität (FS), Eigenlenkverhalten (EV) und Traktion (TR)

eingestuft. Hierbei wirkt sich vor allem die vergleichsweise geringe Längsbeschleunigung und das hohe Seitenkraftpotential der Achsen auf die Bewertung aus. Fahrzeuge, die eine deutliche Untersteuertendenz (*TV gering)* oder Übersteuertendenz (*TV hoch*, *AMV heck*) aufweisen, werden im Vergleich zum Referenzfahrzeug als instabiler eingestuft.

Die Fahrzeugvarianten *TV hoch* und *AMV heck* werden von allen Bewertenden als tendenziell übersteuernd eingestuft. Die Variante *TV gering* weist gemäß den Bewertungen die höchste Untersteuertendenz auf. Diese Ergebnisse sind, wie bereits erläutert, auf die Unterschiede hinsichtlich der AMV zwischen der Vorder- und Hinterachse sowie der Proportionalverstärkung des TV zurückzuführen. Bei der Variante *AMV heck* resultiert das übersteuernde Fahrverhalten aus den hohen Längskräften an den Hinterrädern und der damit verbundenen Absenkung des Seitenkraftpotentials der Hinterachse. Die hohe Proportionalverstärkung des TV bei der Variante *TV hoch* führt zu einem vergleichsweise hohen TV-Giermoment und damit ebenfalls zum Übersteuern.

Die Absenkung des MSD führt bei den Varianten *AMV front* und *AMV gleich* zur Verringerung der subjektiv wahrgenommenen Traktion. Zudem ist ein Zusammenhang zwischen der Traktion und dem Eigenlenkverhalten zu beobachten. Fahrzeuge, die ein tendenziell übersteuerndes Eigenlenkverhalten aufweisen, werden hinsichtlich der Traktion höher bewertet als Fahrzeuge mit einer ausgeprägten Untersteuertendenz. Diese Beobachtung ist darauf zurückzuführen, dass bei einem übersteuernden Fahrverhalten ein engerer Kurvenradius bei gleicher Geschwindigkeit befahren werden kann als bei einem untersteuernden Verhalten. Folglich können Kurven bei einem übersteuernden Eigenlenkverhalten tendenziell schneller durchfahren werden.

Allgemein ist ein Zusammenhang zwischen den Ergebnissen der Subjektivbewertung im mittleren und hohen Querbeschleunigungsbereich zu erkennen. Zur weiteren Analyse dieses Zusammenhangs werden die Medianwerte der Bewertungsergebnisse der zwei Querbeschleunigungsbereiche auf lineare Korrelationen untersucht. Hierzu erfolgt die Berechnungen von Pearson-Korrelationskoeffizienten r_{Pearson} gemäß [21]. Die Ergebnisse dieser Untersuchung sind in Abbildung 3.4 dargestellt.

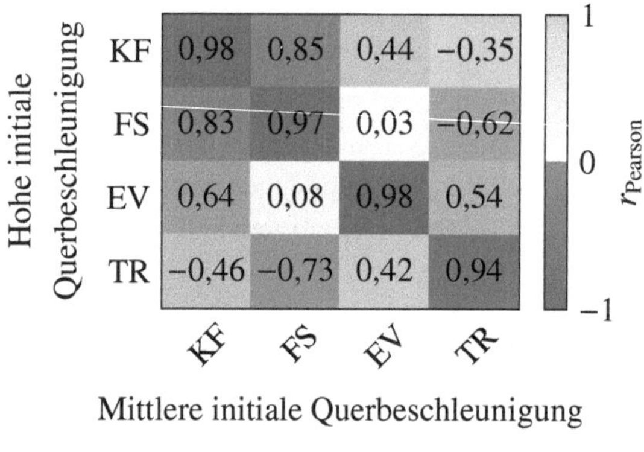

Abbildung 3.4: Korrelation der Subjektivbewertungen unterschiedlicher Querbeschleunigungsniveaus zu Kursführung (KF), Fahrstabilität (FS), Eigenlenkverhalten (EV) und Traktion (TR)

Die Werte des Pearson-Korrelationskoeffizienten auf der Hauptdiagonale in Abbildung 3.4 deuten auf eine starke Korrelation zwischen den Bewertungsergebnissen des mittleren und hohen Querbeschleunigungsbereichs hin. Signifikante Abweichungen von dieser allgemeinen Tendenz sind hinsichtlich der Fahrzeugvariante *AMV heck* zu beobachten. Diese Variante wird im hohen Querbeschleunigungsniveau im Vergleich zum mittleren Niveau als deutlich übersteuernder und instabiler wahrgenommen. Ursache hierfür ist der ansteigende Seitenkraftbedarf bei höheren Querbeschleunigungen sowie die Wechselwirkung zwischen Längs- und Querkräften am Reifen. Wie bereits erläutert, führen die vergleichsweise hohen Längskräfte an den Hinterrädern zu einer Verminderung des Seitenkraftpotentials der Hinterachse. Diese Beziehung gilt allerdings nur bei vollständiger Ausnutzung des Reibkraftpotentials. Im hohen Querbeschleunigungsbereich ist das Reibkraftpotential bei Beschleunigungsbeginn bereits stärker ausgenutzt als im mittleren Querbeschleunigungsbereich, weswegen der Einfluss der Längskräfte früher und stärker zum Tragen kommt.

Weiterhin deuten die Werte der Korrelationskoeffizienten unterhalb der Hauptdiagonale in Abbildung 3.4 auf korrelative Zusammenhänge zwischen unterschiedlichen Subjektivbewertungskriterien hin. Zur Analyse dieser Zusammenhänge werden die Pearson-Koeffizienten für die Korrelation von jeweils zwei Subjektivbewertungskriterien separat für die Bewertung im mittleren und hohen Querbeschleunigungsbereich berechnet.

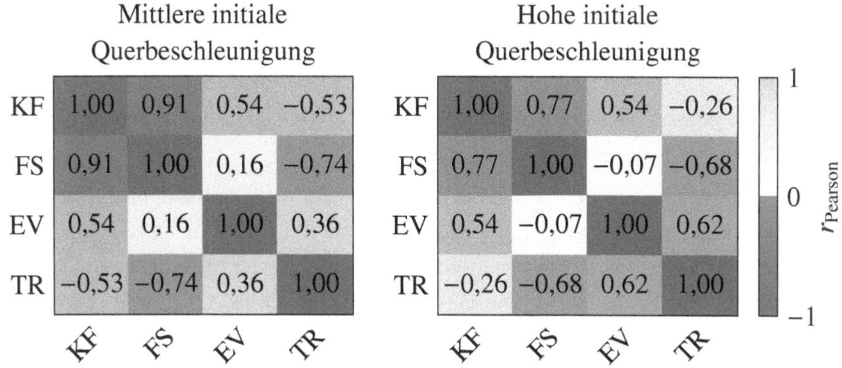

Abbildung 3.5: Korrelation der Subjektivkriterien Kursführung (KF), Fahrstabilität (FS), Eigenlenkverhalten (EV) und Traktion (TR)

Die Ergebnisse der Korrelationsanalyse in Abbildung 3.5 zeigen, dass teilweise starke Korrelationen zwischen den Bewertungen unterschiedlicher Fahreigenschaften bestehen. Besonders auffällig ist der Zusammenhang zwischen Kursführung und Fahrstabilität. Fahrzeugvarianten mit einer geringen Kursabweichung werden i. d. R. als stabiler eingestuft als Varianten mit einer hohen Kursabweichung. Dieser Zusammenhang ist nachvollziehbar, da sowohl für die Realisierung einer geringen Kursabweichung als auch für ein stabiles Fahrzeugverhalten ausreichend hohe Seitenkraftpotentiale der Achsen notwendig sind. Ein weiterer starker korrelativer Zusammenhang besteht zwischen der Fahrstabilität und der Traktion. Fahrzeugvarianten mit hoher Traktion werden, im Vergleich zu Fahrzeugen mit geringer Traktion, tendenziell als instabiler bewertet. Mit zunehmender Traktion und damit steigenden Längsbeschleunigungspotential verringert sich der Zeitraum für die Stabilisierung des Fahrzeugs. Folglich wird das Fahrzeugverhalten als instabiler empfunden. Zwischen weiteren Subjektivbewertungskriterien bestehen nur schwache bis moderate Korrelationen, auf die nicht weiter eingegangen wird.

Zusammenfassend ist festzustellen, dass mit den ausgewählten Fahrzeugvarianten eine hinreichende Bewertungsvarianz hinsichtlich aller Subjektivbewertungskriterien erreicht wird. Somit ist die grundlegende Voraussetzung für eine robuste Analyse von Korrelationen zwischen subjektiven und objektiven Bewertungskriterien gegeben.

3.5.2 Analyse der Korrelationen zwischen Subjektivbewertungen und objektiven Kriterien

Im Folgenden werden die korrelativen Zusammenhänge zwischen den potentiellen Kennwerten aus Tabelle 3.3 und der subjektiven Eigenschaftsbewertung analysiert. Auf Basis der Analyseergebnisse erfolgt die Identifikation von geeigneten objektiven Kriterien für die Bewertung der Eigenschaften Kursführung, Fahrstabilität, Eigenlenkverhalten und Traktion bei angetriebener Kurvenfahrt.

Die Korrelationsanalyse erfolgt auf Grundlage der subjektiven Bewertungsergebnisse E_S, der Kennwerte des Closed-loop (CL)-Fahrversuchs K_i(CL) sowie der Open-loop (OL)-Kennwerte K_i(OL) der Manöver PONC4040 und PONC7560. Für alle Kombinationen dieser Datensätze werden die Pearson-Korrelationskoeffizienten basierend auf den Medianwerten der Fahrzeugvarianten berechnet. Die Korrelationsanalyse erfolgt separat für das mittlere und hohe Querbeschleunigungsniveau.

Die Analyse von Korrelationen zwischen CL- und OL-Kennwerten dient als zusätzliche Eignungsprüfung der potentiellen Kennwerte. Der zugehörige Korrelationskoeffizient ist als Maß für die Übertragbarkeit der Erkenntnisse aus dem OL-Manöver (PONC) auf das kundennahe CL-Manöver zu interpretieren. Hohe positive Werte des Koeffizienten deuten darauf hin, dass die anhand des Kennwerts im OL-Manöver beobachteten Tendenzen auch im CL-Manöver zu erkennen sind. Hingegen verweisen geringe Werte des Korrelationskoeffizienten darauf, dass die Erkenntnisse aus dem OL-Manöver nicht repräsentativ für den CL-Versuch sind. Geeignete Kennwerte sollten demnach einen möglichst hohen Wert des Korrelationskoeffizienten aufweisen, da diese als Grundlage für die Bewertung des Fahrverhaltens in kundennahen Fahrsituationen dienen sollen. Weiterhin wird durch die Einbeziehung der Korrelation zwischen CL- und OL-Kennwerten das Risiko verringert, Kennwerte aufgrund von Scheinkorrelationen zu Subjektivbewertungen auszuwählen.

Für eine übersichtliche Darstellung werden die Korrelationskoeffizienten r_{Pearson} und die zugehörigen p-Werte des Signifikanztests p_{Sign} aller Einzelkorrelationen entsprechend Gl. 3.8 und Gl. 3.9 arithmetisch gemittelt. In den Gleichungen sind die zum mittleren Querbeschleunigungsniveau gehörenden Daten mit dem Index ‚a_y, m‘ und die Daten des hohen Querbeschleunigungsniveaus mit dem Index ‚a_y, h‘ gekennzeichnet. Die Formelzeichen in der zum Korrelationskoeffizienten r_{Pearson} bzw. dem p-Wert p_{Sign} gehörenden Klammer geben die Datensätze an, auf Basis derer die Berechnung erfolgt. Der mittlere Korrelationskoeffizient Gl. 3.8 soll als Maß für die Stärke des korrelativen Zusammenhangs dienen. Für die Korrelation zwischen Kennwerten und Subjektivbewertungen deuten Werte von r_{Pearson} nahe $+1$ als auch -1 auf einen relevanten Zusammenhang hin. Für die Korrelation zwischen CL- und OL-Kennwerten deuten lediglich Werte nahe $+1$ auf einen relevanten Zusammenhang zwischen den Ergebnissen des CL- und OL-Manöver hin. Negative Werte zeigen hingegen, dass die Erkenntnisse des CL-Manövers nicht auf das OL-Manöver übertragbar sind und umgekehrt. Daher werden die Beträge der Koeffizienten der Korrelation von Kennwerten und Subjektivbewertungen für die Berechnung von r_{Pearson} verwendet. Weiterhin erfolgt die Berechnung separat für die Geschwindigkeitsintervalle $[v_{\text{h,0}} \dots v_{\text{h,0}} + 10\,\text{km/h}]$ und $[v_{\text{h,0}} \dots v_{\text{h,0}} + 20\,\text{km/h}]$.

$$
\begin{aligned}
\bar{r}_{\text{Pearson},i} = \frac{1}{6}\Big(& \left| r_{\text{Pearson}}\,(K_i(\text{CL})|E_\text{S})_{\text{a}_\text{y},\text{m}} + r_{\text{Pearson}}\,(K_i(\text{OL})|E_\text{S})_{\text{a}_\text{y},\text{m}} \right| \\
& + r_{\text{Pearson}}\,(K_i(\text{CL})|K_i(\text{OL}))_{\text{a}_\text{y},\text{m}} \\
& + \left| r_{\text{Pearson}}\,(K_i(\text{CL})|E_\text{S})_{\text{a}_\text{y},\text{h}} + r_{\text{Pearson}}\,(K_i(\text{OL})|E_\text{S})_{\text{a}_\text{y},\text{h}} \right| \\
& + r_{\text{Pearson}}\,(K_i(\text{CL})|K_i(\text{OL}))_{\text{a}_\text{y},\text{h}} \Big)
\end{aligned}
\qquad \text{Gl. 3.8}
$$

$$
\begin{aligned}
\bar{p}_{\text{Sign},i} = \frac{1}{6}\Big(& p_{\text{Sign}}\,(K_i(\text{CL})|E_\text{S})_{\text{a}_\text{y},\text{m}} + p_{\text{Sign}}\,(K_i(\text{OL})|E_\text{S})_{\text{a}_\text{y},\text{m}} \\
& + p_{\text{Sign}}\,(K_i(\text{CL})|K_i(\text{OL}))_{\text{a}_\text{y},\text{m}} + p_{\text{Sign}}\,(K_i(\text{CL})|E_\text{S})_{\text{a}_\text{y},\text{h}} \\
& + p_{\text{Sign}}\,(K_i(\text{OL})|E_\text{S})_{\text{a}_\text{y},\text{h}} + p_{\text{Sign}}\,(K_i(\text{CL})|K_i(\text{OL}))_{\text{a}_\text{y},\text{h}} \Big)
\end{aligned}
\qquad \text{Gl. 3.9}
$$

In den Tabellen 3.5, 3.6, 3.7 und 3.8 sind jeweils zehn potentielle Kennwerte mit den höchsten Werten des gemittelten Korrelationskoeffizienten $\bar{r}_{\text{Pearson},i}$ bezüglich der Kursführung, Fahrstabilität, Eigenlenkverhalten und Traktion aufgeführt. Weiterhin sind die zugehörigen Werte von $\bar{p}_{\text{Sign},i}$ dargestellt. Die Kennwerte sind nach absteigendem Wert von $\bar{r}_{\text{Pearson},i}$ sortiert.

Auf Basis der Werte von $\bar{r}_{\text{Pearson},i}$ und $\bar{p}_{\text{Sign},i}$ erfolgt die begründete Auswahl jeweils eines geeigneten Kriteriums für die Kursführung, die Fahrstabilität, das Eigenlenkverhalten und die Traktion. Geeignete Kennwerte sollen gemäß Literaturangaben einen mittleren Korrelationskoeffizienten $\bar{r}_{\text{Pearson},i} \geq 0{,}7$ aufweisen [66, 89]. Weiterhin soll der gemittelte p-Wert $\bar{p}_{\text{Sign},i} \leq 0{,}1$ sein [89]. Die Abbildungen 3.6, 3.7, 3.8 und 3.9 zeigen die Werte des jeweils ausgewählten Kriteriums im CL- und OL-Manöver sowie deren Zusammenhang zu den Ergebnissen der Subjektivbewertung. Die Werte des Fahrversuchs bei mittlerer und hohen initialer Querbeschleunigungen sind getrennt dargestellt. Weiterhin sind Regressionsgeraden in den Diagrammen eingezeichnet, um die Stärke und Tendenz des korrelativen Zusammenhangs zu verdeutlichen.

Identifikation objektiver Kriterien zur Bewertung der Kursführung

Die Daten in Tabelle 3.5 zeigen, dass keiner der potentiellen Kennwerte der Kursführung die genannten Anforderungen an $\bar{r}_{\mathrm{Pearson},i}$ und $\bar{p}_{\mathrm{Sign},i}$ erfüllt. Auf Basis der ausgewerteten Daten ist es somit nicht möglich, die Eignung eines Kennwerts als objektives Bewertungskriterium statistisch nachzuweisen. Mögliche Ursachen hierfür können eine unzureichende Datenmenge oder die Existenz von nichtlinearen Zusammenhängen sein, die mittels der Pearson-Korrelation nicht analysierbar sind.

Tabelle 3.5: Potentielle Kennwerte für die Bewertung der Kursführung

Kennwert	Geschwindigkeitsintervall	$\bar{r}_{\mathrm{Pearson},i}$	$\bar{p}_{\mathrm{Sign},i}$
$\mathrm{MIN}(a_y/a_{y,\mathrm{Ref}})$	$v_{\mathrm{h},0} \ldots v_{\mathrm{h},0} + 10\,\mathrm{km/h}$	0,49	0,37
$\mathrm{AMW}(\dot{\psi} - \dot{\psi}_0)$	$v_{\mathrm{h},0} \ldots v_{\mathrm{h},0} + 10\,\mathrm{km/h}$	0,48	0,35
$\mathrm{AMW}(\dot{\psi}/\dot{\psi}_0)$	$v_{\mathrm{h},0} \ldots v_{\mathrm{h},0} + 10\,\mathrm{km/h}$	0,42	0,42
$\mathrm{AMW}(a_y/a_{y,\mathrm{Ref}})$	$v_{\mathrm{h},0} \ldots v_{\mathrm{h},0} + 10\,\mathrm{km/h}$	0,41	0,44
$\mathrm{MIN}(\dot{\psi} - \dot{\psi}_{\mathrm{Ref}})$	$v_{\mathrm{h},0} \ldots v_{\mathrm{h},0} + 10\,\mathrm{km/h}$	0,38	0,45
$\mathrm{AMW}(\dot{\psi} - \dot{\psi}_{\mathrm{Ref}})$	$v_{\mathrm{h},0} \ldots v_{\mathrm{h},0} + 10\,\mathrm{km/h}$	0,37	0,48
$\mathrm{MIN}(\dot{\psi}/\dot{\psi}_0)$	$v_{\mathrm{h},0} \ldots v_{\mathrm{h},0} + 10\,\mathrm{km/h}$	0,33	0,49
$\mathrm{MIN}(\dot{\psi}/\dot{\psi}_{\mathrm{Ref}})$	$v_{\mathrm{h},0} \ldots v_{\mathrm{h},0} + 10\,\mathrm{km/h}$	0,33	0,49
$\mathrm{MIN}(\dot{\psi} - \dot{\psi}_0)$	$v_{\mathrm{h},0} \ldots v_{\mathrm{h},0} + 10\,\mathrm{km/h}$	0,33	0,51
$\mathrm{AMW}(\dot{\psi}/\dot{\psi}_{\mathrm{Ref}})$	$v_{\mathrm{h},0} \ldots v_{\mathrm{h},0} + 10\,\mathrm{km/h}$	0,33	0,53

Jedoch sind anhand der Werte in Tabelle 3.5 mögliche Kandidaten für ein geeignetes Bewertungskriterium der Kursführung identifizierbar. Kennwerte, die auf dem Verhältnis aus Querbeschleunigung a_y und Referenzquerbeschleunigung $a_{y,\mathrm{Ref}}$ basieren, weisen vergleichsweise hohe Werte des Korrelationskoeffizienten $\bar{r}_{\mathrm{Pearson},i}$ auf. Weiterhin wird in der Arbeit von Schweers für dieses Verhältnis eine signifikante und starke Korrelation zur subjektiven Eigenschaftsbewertung nachgewiesen [158]. Wie in Kapitel 3.3 beschrieben, ist das Verhältnis $a_y/a_{y,\mathrm{Ref}}$ ein Maß für die Änderung des Bahnradius des Fahrzeugs infolge der Beschleunigung. Werte von $a_y/a_{y,\mathrm{Ref}}$ nahe eins korrespondieren mit einer geringen Bahnradiusänderung. Hingegen zeigen hohe Abweichungen von dem

Wert eins starke Radiusänderungen an. Folglich ist dieser Kennwert auch aus physikalischer Sicht ein geeignetes Bewertungskriterium der Kursführung.

Hinsichtlich der Robustheit erweist sich der Mittelwert des Querbeschleunigungsverhältnisses AMW($a_y/a_{y,\text{Ref}}$) als vorteilhaft. Alle Einzelkorrelationen dieses Kennwerts sind in Abbildung 3.6 dargestellt. Die Abbildung zeigt, dass teilweise relevante korrelative Zusammenhänge zwischen Kennwerten und Subjektivurteilen bestehen. Weiterhin ist zu erkennen, dass die CL- und OL-Kennwerte nicht oder nur schwach korreliert sind. Diese schwache Korrelation ist eine Ursache für die geringen Werte des korrespondierenden gemittelten Korrelationskoeffizienten $\bar{r}_{\text{Pearson},i}$. Daraus lässt sich schlussfolgern, dass die auf Basis des Kennwerts AMW($a_y/a_{y,\text{Ref}}$) im OL-Manöver gewonnenen Erkenntnisse nicht bzw. nur bedingt auf den CL-Versuch übertragbar sind. Eine mögliche Ursache hierfür sind die Änderungen des Lenkwinkels der Vorderräder sowie die resultierenden dynamischen Effekte am Reifen infolge der Regeltätigkeit des Fahrenden im CL-Versuch.

Die Erläuterungen in diesem Abschnitt verdeutlichen die potentielle Eignung des Kennwerts AMW($a_y/a_{y,\text{Ref}}$) zur Bewertung der Kursführung. Daher wird dieser Kennwert als objektives Kriterium K_{KF} definiert. Eine Bestätigung der Eignung dieses Kennwerts mit ausreichender statistischer Sicherheit ist allerdings auf Basis der vorhandenen Daten nicht möglich. Hierzu sind weitere Untersuchungen und Fahrversuche erforderlich.

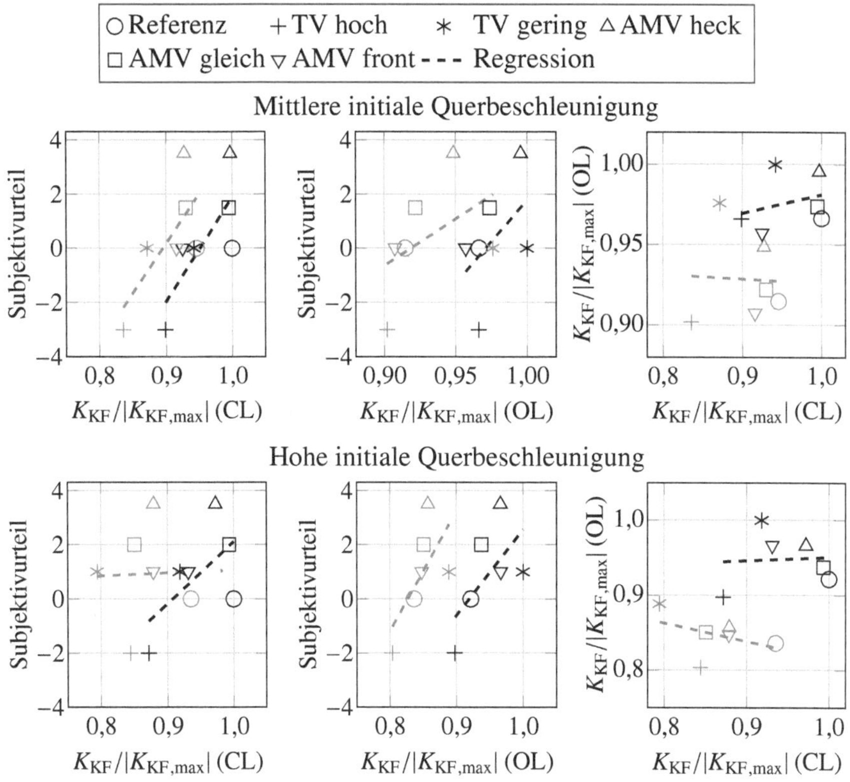

Abbildung 3.6: Korrelationen Kursführung (Subjektivurteile, Closed-loop (CL)- und Open-loop (OL)-Kennwerte, Intervall $[v_{h,0} \ldots v_{h,0} + 10\,\text{km/h}]$ in schwarz, $[v_{h,0} \ldots v_{h,0} + 20\,\text{km/h}]$ in grau)

Identifikation objektiver Kriterien zur Bewertung der Fahrstabilität

Hinsichtlich der Fahrstabilität weist der Kennwert QMW($\dot{\beta}$) die höchsten Werte des gemittelten Korrelationskoeffizienten in beiden untersuchten Geschwindigkeitsintervallen auf. Die Werte von $\bar{r}_{\text{Pearson},i}$ sind größer 0,7 und erfüllen damit die Anforderungen an eine signifikante Korrelation. Die Anforderung hinsichtlich des p-Wertes ist nur näherungsweise erfüllt.

Tabelle 3.6: Potentielle Kennwerte für die Bewertung der Fahrstabilität

Kennwert	Geschwindigkeitsintervall	$\bar{r}_{\text{Pearson},i}$	$\bar{p}_{\text{Sign},i}$
QMW($\dot{\beta}$)	$v_{\text{h},0} \dots v_{\text{h},0} + 20\,\text{km/h}$	0,75	0,11
QMW($\dot{\beta}$)	$v_{\text{h},0} \dots v_{\text{h},0} + 10\,\text{km/h}$	0,74	0,13
MAX($\lvert\dot{\beta}\rvert$)	$v_{\text{h},0} \dots v_{\text{h},0} + 10\,\text{km/h}$	0,69	0,18
MAX($\lvert\dot{\beta}\rvert$)	$v_{\text{h},0} \dots v_{\text{h},0} + 20\,\text{km/h}$	0,64	0,21
MIN($\beta - \beta_0$)	$v_{\text{h},0} \dots v_{\text{h},0} + 20\,\text{km/h}$	0,60	0,24
MAX($\ddot{\psi}$)	$v_{\text{h},0} \dots v_{\text{h},0} + 20\,\text{km/h}$	0,58	0,29
MIN($\beta - \beta_0$)	$v_{\text{h},0} \dots v_{\text{h},0} + 10\,\text{km/h}$	0,57	0,28
AMW($\beta - \beta_0$)	$v_{\text{h},0} \dots v_{\text{h},0} + 20\,\text{km/h}$	0,50	0,37
AMW($\beta_\text{h} - \beta_{\text{h},0}$)	$v_{\text{h},0} \dots v_{\text{h},0} + 20\,\text{km/h}$	0,48	0,39
AMW(β_h)/$\beta_{\text{h},0}$	$v_{\text{h},0} \dots v_{\text{h},0} + 20\,\text{km/h}$	0,43	0,46

Der Kennwert QMW($\dot{\beta}$) ist ein Maß für die mittlere absolute Schwimmwinkelgeschwindigkeit beim Beschleunigen aus der Kurvenfahrt. Die Korrelationen in Abbildung 3.7 zeigen, dass hohe Werte des Kennwerts mit einem als instabil empfundenen Fahrverhalten korrelieren. Dieser Zusammenhang ist physikalisch nachvollziehbar, da bei hohen Schwimmwinkelgeschwindigkeiten eine entsprechend schnelle Lenkradbetätigung notwendig ist, um das Fahrzeug in einem sicheren Fahrzustand zu halten. Aufgrund der Verwendung des quadratischen Mittelwerts werden kurzzeitig hohe Schwimmwinkelgeschwindigkeiten, die eine besonders schnelle Reaktion des Fahrenden erfordern, stärker gewichtet. Diese Zusammenhänge zwischen der subjektiv empfundenen Fahrstabilität und der Schwimmwinkelgeschwindigkeit sind bereits aus vorherigen Arbeiten [16, 62] bekannt. Aufgrund der hohen Werte des Korrelationskoeffizienten $\bar{r}_{\text{Pearson},i}$ und der physikalischen Nachvollziehbarkeit wird der Kennwert QMW($\dot{\beta}$) als objektives Kriterium der Fahrstabilität K_FS definiert.

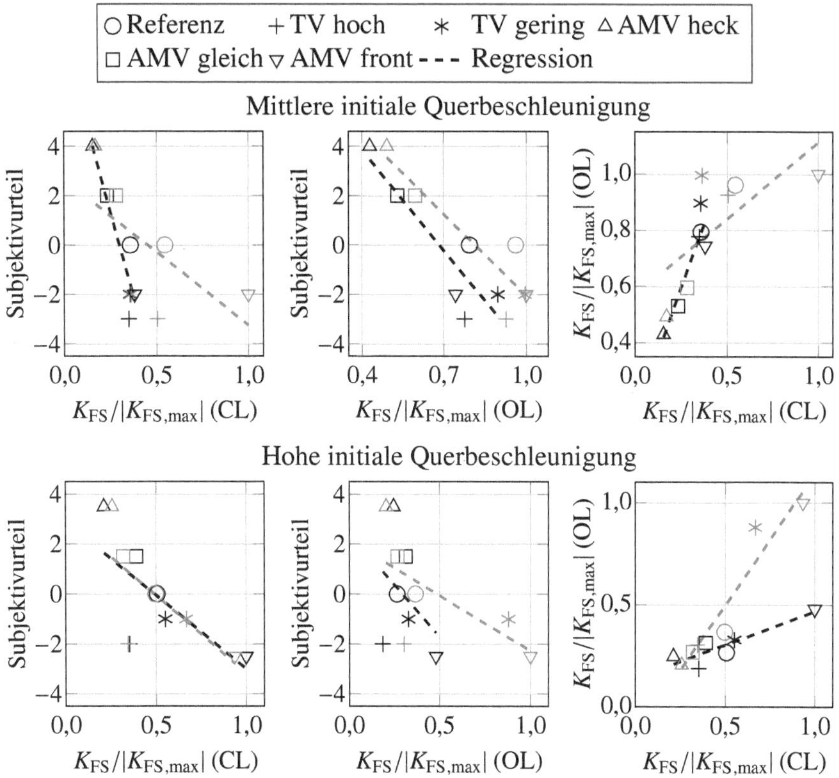

Abbildung 3.7: Korrelationen Fahrstabilität (Subjektivurteile, Closed-loop (CL)- und Open-loop (OL)-Kennwerte, Intervall $[v_{h,0} \ldots v_{h,0} + 10\,\mathrm{km/h}]$ in schwarz, $[v_{h,0} \ldots v_{h,0} + 20\,\mathrm{km/h}]$ in grau)

Identifikation objektiver Kriterien zur Bewertung des Eigenlenkverhaltens

Kennwerte auf Basis des Schwimmwinkels im Fahrzeugschwerpunkt bzw. an der Hinterachse weisen hinsichtlich des Eigenlenkverhalten hohe Werte des gemittelten Korrelationskoeffizienten auf. Der höchste Wert von $\bar{r}_{\mathrm{Pearson},i}$ ist bezüglich des Kennwerts $\mathrm{MIN}(\beta - \beta_0)$ im Geschwindigkeitsintervall $[v_{h,0} \ldots v_{h,0} + 20\,\mathrm{km/h}]$ zu beobachten. Im Intervall $[v_{h,0} \ldots v_{h,0} + 10\,\mathrm{km/h}]$ hat dieser Kennwert einen Wert von $\bar{r}_{\text{Pearson},i} = 0{,}65$. Vergleichbare Werte in beiden Geschwindigkeitsbereichen weist der Kennwert AMW($\beta_\text{h} - \beta_\text{h,0}$) auf. Die Anforderung hinsichtlich des p-Wertes $\bar{p}_{\text{Sign},i}$ erfüllt keiner der untersuchten Kennwerte.

Tabelle 3.7: Potentielle Kennwerte zur Bewertung des Eigenlenkverhaltens

Kennwert	Geschwindigkeitsintervall	$\bar{r}_{\text{Pearson},i}$	$\bar{p}_{\text{Sign},i}$
MIN($\beta - \beta_0$)	$v_\text{h,0} \ldots v_\text{h,0} + 20\,\text{km/h}$	0,75	0,12
AMW($\beta_\text{h} - \beta_\text{h,0}$)	$v_\text{h,0} \ldots v_\text{h,0} + 10\,\text{km/h}$	0,71	0,14
AMW($\beta - \beta_0$)	$v_\text{h,0} \ldots v_\text{h,0} + 20\,\text{km/h}$	0,71	0,16
AMW($\beta_\text{h} - \beta_\text{h,0}$)	$v_\text{h,0} \ldots v_\text{h,0} + 20\,\text{km/h}$	0,70	0,17
MIN($\beta - \beta_0$)	$v_\text{h,0} \ldots v_\text{h,0} + 10\,\text{km/h}$	0,65	0,21
AMW(β_h)/$\beta_\text{h,0}$	$v_\text{h,0} \ldots v_\text{h,0} + 20\,\text{km/h}$	0,65	0,22
AMW($\beta_\text{h} - \beta_\text{h,0}$)	$v_\text{h,0} \ldots v_\text{h,0} + 10\,\text{km/h}$	0,64	0,23
AMW($\beta_\text{h}/\beta_\text{h,0}$	$v_\text{h,0} \ldots v_\text{h,0} + 10\,\text{km/h}$	0,58	0,26
AMW($\dot{\psi} - \dot{\psi}_0$)	$v_\text{h,0} \ldots v_\text{h,0} + 10\,\text{km/h}$	0,57	0,27
MAX($R_\text{P}/R_\text{P,0}$)	$v_\text{h,0} \ldots v_\text{h,0} + 10\,\text{km/h}$	0,56	0,29

In Abbildung 3.8 sind die Korrelationen zwischen CL- und OL-Werten sowie der subjektiven Eigenschaftsbewertung hinsichtlich des Kennwerts MIN($\beta - \beta_0$) dargestellt. Die Abbildung zeigt, dass geringe Werte des Kennwerts im Zusammenhang mit einem als übersteuernd wahrgenommenen Eigenlenkverhalten stehen. Höhere Werte deuten auf ein untersteuerndes Fahrverhalten hin. Diese Beobachtungen bestätigen somit die theoretischen Überlegungen auf Basis des linearen Einspurmodell im Rahmen der Kennwertdefinition.

Auffällig ist, dass der Kennwert MIN($\beta - \beta_0$) die Unterschiede zwischen den Fahrzeugvarianten im Geschwindigkeitsintervall [$v_\text{h,0} \ldots v_\text{h,0} + 20\,\text{km/h}$] deutlich besser auflöst als im Intervall [$v_\text{h,0} \ldots v_\text{h,0} + 10\,\text{km/h}$]. Ursache hierfür sind die höheren Abweichungen der Schwimmwinkelverläufe eines untersteuernden, neutralen und übersteuernden Fahrzeugs bei steigender Fahrgeschwindigkeit. Dieser Zusammenhang kann anhand von Gl. 3.7 nachvollzogen werden kann.

Die Erläuterungen verdeutlichen die Eignung des Kennwerts MIN($\beta - \beta_0$) als objektives Kriterium des Eigenlenkverhaltens. Aufgrund des direkten mathematischen Zusammenhangs gelten diese auch für den Kennwert AMW($\beta_h - \beta_{h,0}$). Beide Kennwerte führen zu den gleichen Aussagen hinsichtlich des Eigenlenkverhaltens und sind damit redundant. Weitere Untersuchungen zeigen, dass der Kennwert MIN($\beta - \beta_0$) die Unterschiede zwischen verschiedenen Fahrzeugvarianten besser auflöst als der Kennwert AMW($\beta_h - \beta_{h,0}$) und somit einen robusteren Eigenschaftsvergleich ermöglicht. Daher wird der Kennwert MIN($\beta - \beta_0$) als objektives Bewertungskriterium K_{EV} für das Eigenlenkverhalten ausgewählt.

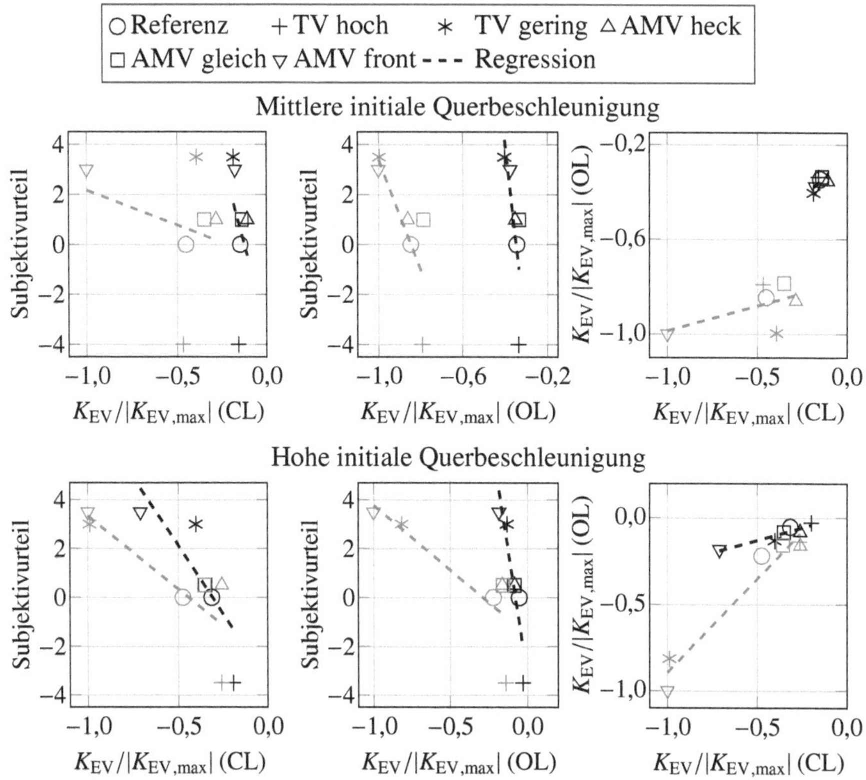

Abbildung 3.8: Korrelationen Eigenlenkverhalten (Subjektivurteile, CL- und OL-Kennwerte, Intervall [$v_{h,0} \dots v_{h,0}$ + 10 km/h] in schwarz, [$v_{h,0} \dots v_{h,0}$ + 20 km/h] in grau)

Identifikation objektiver Kriterien zur Bewertung der Traktion

Für die Bewertung der Traktion gibt es mehrere potentielle Kennwerte, welche die Anforderungen hinsichtlich $\bar{r}_{\mathrm{Pearson},i}$ und $\bar{p}_{\mathrm{Sign},i}$ erfüllen, wie Tabelle 3.8 zeigt. Besonders hohe Werte des gemittelten Korrelationskoeffizienten weisen AMW(a_x) und MAX(a_x) auf. Beide Kennwerte bewerten die Traktion anhand der Längsbeschleunigung im PONC-Manöver und stehen damit im Zusammenhang zu üblichen Bewertungskriterien der Traktion bei Geradeausfahrt [69, 70, 134].

Tabelle 3.8: Potentielle Kennwerte für die Bewertung der Traktion

Kennwert	**Geschwindigkeitsintervall**	$\bar{r}_{\mathrm{Pearson},i}$	$\bar{p}_{\mathrm{Sign},i}$
AMW(a_x)	$v_{\mathrm{h},0} \dots v_{\mathrm{h},0} + 10\,\mathrm{km/h}$	0,84	0,05
MAX(a_x)	$v_{\mathrm{h},0} \dots v_{\mathrm{h},0} + 20\,\mathrm{km/h}$	0,84	0,05
MAX(a_x)	$v_{\mathrm{h},0} \dots v_{\mathrm{h},0} + 10\,\mathrm{km/h}$	0,82	0,05
MAX(a_t)	$v_{\mathrm{h},0} \dots v_{\mathrm{h},0} + 10\,\mathrm{km/h}$	0,82	0,05
MAX(a_t)	$v_{\mathrm{h},0} \dots v_{\mathrm{h},0} + 20\,\mathrm{km/h}$	0,81	0,06
AMW(a_t)	$v_{\mathrm{h},0} \dots v_{\mathrm{h},0} + 10\,\mathrm{km/h}$	0,81	0,07
AMW(a_x)	$v_{\mathrm{h},0} \dots v_{\mathrm{h},0} + 20\,\mathrm{km/h}$	0,77	0,09
AMW(a_t)	$v_{\mathrm{h},0} \dots v_{\mathrm{h},0} + 20\,\mathrm{km/h}$	0,71	0,16
AMW(a_h)	$v_{\mathrm{h},0} \dots v_{\mathrm{h},0} + 20\,\mathrm{km/h}$	0,65	0,20
MAX(a_h)	$v_{\mathrm{h},0} \dots v_{\mathrm{h},0} + 20\,\mathrm{km/h}$	0,59	0,20

Der Kennwert AMW(a_x) bietet Vorteile hinsichtlich der Robustheit der Bewertungsergebnisse, da dessen Wert auf mehreren Messwerten im untersuchten Geschwindigkeitsintervall beruht. Im Gegensatz dazu basiert MAX(a_x) auf einem Messwert, dem Maximum der Längsbeschleunigung im untersuchten Geschwindigkeitsintervall. Daher ist MAX(a_x) deutlich empfindlicher gegenüber versuchsbedingten Schwankungen des Längsbeschleunigungssignals. Aus diesem Grund wird der Kennwert AMW(a_x) als objektives Kriterium K_{TR} zur Bewertung der Traktion ausgewählt.

Abbildung 3.9 stellt die Zusammenhänge zwischen den CL- und OL-Werten des Kriteriums K_{TR} sowie zu Subjektivurteilen dar. Die Abbildung zeigt, dass hohe Werte von K_{TR} erwartungsgemäß mit einer als hoch bewerteten Traktion korrelieren. Weiterhin zeigen die Daten in Abbildung 3.9, dass die Erkenntnisse aus dem OL-Manöver (PONC) auf den CL-Versuch übertragbar sind.

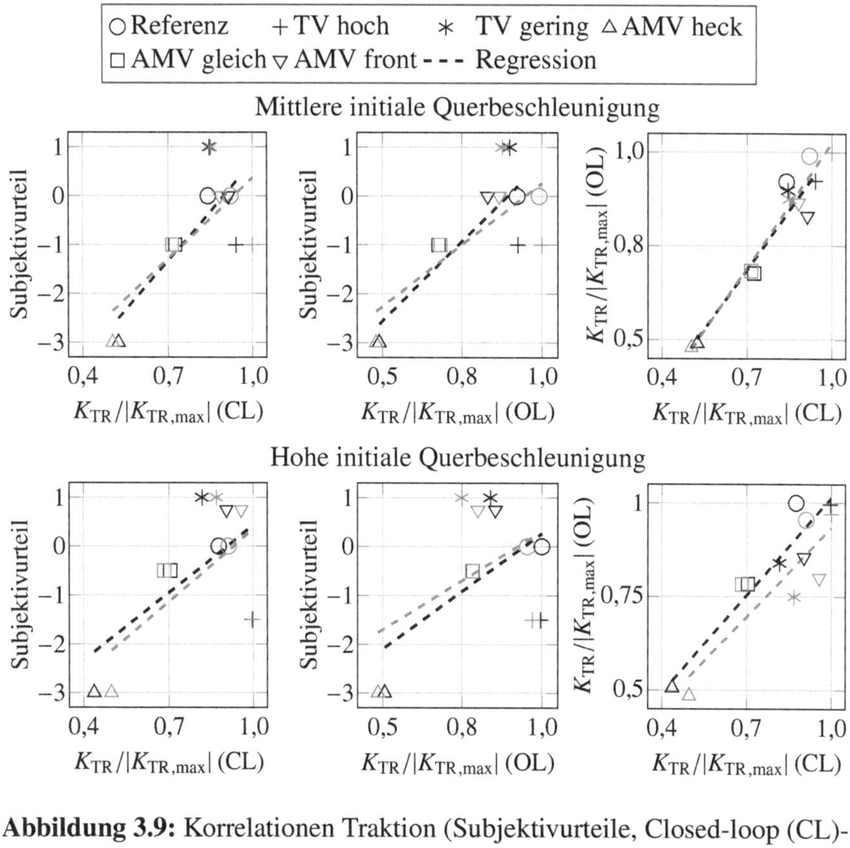

Abbildung 3.9: Korrelationen Traktion (Subjektivurteile, Closed-loop (CL)- und Open-loop (OL)-Kennwerte, Intervall $[v_{h,0} \ldots v_{h,0} + 10\,\mathrm{km/h}]$ in schwarz, $[v_{h,0} \ldots v_{h,0} + 20\,\mathrm{km/h}]$ in grau)

Fazit der Kennwertidentifikation

Ergebnis des Objektivierungsverfahrens sind die in Tabelle 3.9 aufgeführten Kriterien für die Bewertung der Eigenschaften Kursführung, Fahrstabilität, Eigenlenkverhalten und Traktion bei angetriebener Kurvenfahrt. Die Eignung der objektiven Kriterien wird durch die Analyse von Korrelationen zwischen CL- und OL-Kennwerten sowie zu Subjektivurteilen überprüft. Zusätzlich erfolgt eine physikalische Interpretation der identifizierten Kriterien. Mit Ausnahme des Kennwerts K_{KF}, wird für jeden der in Tabelle 3.9 aufgeführten Kriterien eine starke Korrelation zu den etablierten subjektiven Bewertungskriterien nachgewiesen. Darüber hinaus bestehen relevante Korrelationen zwischen CL- und OL-Kennwerten für die Kriterien K_{FS}, K_{EV} und K_{TR}. Daraus lässt sich schlussfolgern, dass für diese Kriterien ein relevanter Zusammenhang zwischen dem kundennahen CL-Versuch und dem idealisierten OL-Versuch besteht. Folglich ist eine objektive Bewertung des Fahrverhaltens in kundennahen Fahrsituationen auf Basis des OL-Manövers zulässig. Weiterhin besteht für alle identifizierten Kriterien ein nachvollziehbarer Zusammenhang zur Fahrphysik.

Tabelle 3.9: Identifizierte objektive Bewertungskriterien

Eigenschaft	**Objektives Bewertungskriterium**
Kursführung	$K_{KF} = \mathrm{AMW}(a_y/a_{y,\mathrm{Ref}})$
Fahrstabilität	$K_{FS} = \mathrm{QMW}(\dot{\beta})$
Eigenlenkverhalten	$K_{EV} = \mathrm{MIN}(\beta - \beta_0)$
Traktion	$K_{TR} = \mathrm{AMW}(a_x)$

Allerdings ist der Zusammenhang zu etablierten subjektiven Bewertungsverfahren nur für das Kriterium K_{TR} mit ausreichender statistischer Sicherheit nachweisbar. Aus diesem Grund erfolgt eine Validierung der Kriterien K_{KF}, K_{FS} und K_{EV} im Rahmen einer weiteren Fahrversuchsstudie. Die Studie entspricht einer verkürzten Variante des in diesem Kapitel beschriebenen Verfahrens und ist ausführlich in Abschnitt A.3 des Anhangs erläutert. Die Fahrversuche werden mit einem sportlichen Fahrzeug der Kompaktklasse durchgeführt, wodurch zugleich die Übertragbarkeit der identifizierten Bewertungskriterien auf weitere Fahrzeugsegmente überprüft wird. Die Ergebnisse der verkürzten Fahrversuchsstudie bestätigen die Eignung der Kriterien K_{KF}, K_{FS} und K_{EV} zur objektiven Bewertung der Kursführung, der Fahrstabilität und des Eigenlenkverhalten bei angetriebener Kurvenfahrt. Damit stellen die identifizierten Bewertungskriterien eine geeignete Basis für die Zieldefinition und -validierung im Rahmen der Fahrdynamikentwicklung dar.

4 Fahrdynamikauslegung auf Basis objektiver Eigenschaftsziele

Im Anschluss an die Definition von Gesamtfahrzeugzielen auf Basis objektiver Bewertungskriterien erfolgt im V-Prozess der Fahrdynamikentwicklung die Spezifikation von Eigenschaftszielen der Systeme, Subsysteme und Komponenten des Fahrzeugs. Dieses Kapitel stellt hierfür simulationsbasierte Methoden vor, die eine effiziente Zielableitung ermöglichen. Besonderheit der vorgestellten Verfahren ist die gesamtheitliche Betrachtung der Eigenschaften von Antrieb und Fahrwerk. Hierzu wird zunächst ein entsprechendes Simulationsmodell als Grundlage für die weiteren Methoden entwickelt. Weiterhin erfolgt die Vorstellung eines generischen Verfahrens zur Identifikation relevanter Subsystem- bzw. Komponenteneigenschaften. Für die Zielableitung wird ein zweistufiger, optimierungsbasierter Ansatz zur Ermittlung von robusten und unabhängigen Zielbereichen präsentiert.

4.1 Zielsetzung und Eingangsgrößen

Für die Ermittlung von Eigenschaftszielen der Fahrzeugkomponenten wird ein generisches und effizientes Verfahren angestrebt. Ziel des Verfahrens ist die Ermittlung von robusten und unabhängigen Eigenschaftszielbereichen auf Basis objektiver Fahrdynamikziele des Gesamtfahrzeugs. Für die Fahrdynamikauslegung ist es, abhängig von der Komplexität und Granularität des Subsystems, zielführend, die Eigenschaften mehrerer Komponenten zusammengefasst als Subsystemeigenschaft zu betrachten. Das Zielableitungsverfahren sollte daher in der Lage sein sowohl Subsystem- als auch Komponentenziele zu ermitteln.

Zur Gewährleistung der Anwendbarkeit des Verfahrens für verschiedene Fahrdynamikbereiche ist ein generischer Ansatz zu wählen. Weiterhin wird ein simulationsbasiertes Vorgehen mit hohem Automatisierungsgrad verfolgt. Die Zielableitung soll sich auf die für den jeweiligen Fahrdynamikbereich wesentlichen Fahrzeugeigenschaften konzentrieren und weniger relevante Eigenschaften

J. Raabe, *Methoden zur durchgängigen virtuellen Eigenschaftsentwicklung von Fahrzeugen hinsichtlich kombinierter Längs- und Querdynamik*, Wissenschaftliche Reihe Fahrzeugtechnik Universität Stuttgart, https://doi.org/10.1007/978-3-658-50210-2_4

aus Effizienzgründen vernachlässigen. Weiterhin ist gemäß der Theorie des Systems Engineerings eine Unabhängigkeit von konkreten Fahrzeug- oder Systemkonzepten (z. B. Achs- oder Antriebskonzept) anzustreben. Zudem sollte das Zielableitungsverfahren mit den in der Konzeptphase verfügbaren Daten und in einem angemessenen Zeitraum durchführbar sein. Darüber hinaus muss der Zielableitungsprozess Beschränkungen hinsichtlich der Fahrzeugeigenschaften bedingt durch Ziele anderer Entwicklungsbereiche berücksichtigen.

Eingangsgrößen des Zielableitungsverfahren sind die objektiven Fahrdynamikziele des Gesamtfahrzeugs. Diese Ziele liegen in Form von Wertebereichen objektiver Bewertungskriterien der Fahrdynamik, z. B. den Kriterien aus Kapitel 3, vor. Weitere Eingangsgrößen sind die für die Fahrdynamikauslegung zur Verfügung stehenden Wertebereiche der relevanten Subsystem- bzw. Komponenteneigenschaften. Mittels Einschränkungen der Wertebereiche erfolgt die Berücksichtigung von Zielen anderer Entwicklungsbereiche.

Auf Basis der genannten Anforderungen erfolgt die Entwicklung eines simulationsbasierten Zielableitungsverfahrens in den folgenden Abschnitten. Als Grundlage und zur Vorbereitung der Zielableitung werden zudem ein Fahrdynamiksimulationsmodell sowie ein Verfahren zur Ermittlung relevanter Subsystem- bzw. Komponenteneigenschaften entwickelt.

4.2 Simulationsmodell für die Fahrdynamikauslegung

Für eine simulationsbasierte Fahrdynamikauslegung bedarf es eines parametrischen Modells, welches die Wirkzusammenhänge zwischen Subsystem- bzw. Komponenteneigenschaften und der Fahrdynamik des Gesamtfahrzeugs in hinreichender Güte abbildet. Das Modell soll als Grundlage für die Untersuchung von Parametereinflüssen auf die Fahrdynamik und zur Ermittlung geeigneter Parameterwerte für die Erreichung von Fahrdynamikzielen dienen. Im Folgenden ist ein entsprechendes Simulationsmodell vorgestellt. Anwendungsfokus ist die Fahrdynamik bei angetriebener Kurvenfahrt. Die Anwendung auf andere Fahrdynamikbereiche ist, unter Berücksichtigung der Modelleinschränkungen, ebenfalls möglich. An das Modell werden folgende Anforderungen gestellt:

Einfachheit: Parametrierbar mit den in der Konzeptphase zur Verfügung stehenden Daten.

Allgemeingültigkeit: Konzeptunabhängige Modellierung aller relevanten Systeme und Subsysteme.

Laufzeit: Simulation der Fahrdynamik in Echtzeit oder schneller für die Anwendung statistischer Verfahren.

Ergebnisqualität: Erfüllung von Anforderungen der Normen ISO 19365 und ISO 22140 hinsichtlich der Ergebnisqualität.

Zur Erfüllung der Anforderungen an die Ergebnisqualität muss das Simulationsmodell in der Lage sein, die bei der Beschleunigung aus der Kurvenfahrt auftretenden kombinierten Schlupfzustände und die überlagerten Nick- und Wankbewegungen des Fahrzeugaufbaus abzubilden. Hierzu ist i. d. R. eine Zweispurmodellierung erforderlich [42]. Weiterhin sollte das Modell einen generischen Aufbau und eine möglichst geringe Parameteranzahl aufweisen, um den Anforderungen hinsichtlich der Allgemeingültigkeit und Einfachheit gerecht zu werden. Das nachfolgend beschriebene kennlinienbasierte Zweispurmodell (ZSM) mit generischem Antriebsteilmodell erfüllt diese Anforderungen. Dieses Modell ist in eine Simulationsumgebung eingebettet, welche zusätzliche Modelle für den Fahrer, das Bremssystem sowie die Fahrbahninteraktion beinhaltet. Weiterhin stehen verschiedene numerische Solver zur Verfügung, die eine zeiteffiziente Auswertung der Modellgleichungen ermöglichen.

Das ZSM besteht aus vier Radmassen sowie einer Masse für den Fahrzeugaufbau. Der Aufbau hat jeweils drei translatorische und rotatorische Freiheitsgrade. Die Räder können sich relativ zum Aufbau bewegen und Rotationen um die Raddrehachse ausführen. Weiterhin wird die Lenkbewegung der Vorderräder durch einen weiteren Freiheitsgrad ermöglicht. Kinematik und Elastokinematik der Radaufhängung werden unabhängig vom Achskonzept durch Kennlinien abgebildet. Die Modellierung von Reifeneigenschaften erfolgt mittels eines empirischen Magic Formula Tire-Modells nach PACEJKA, welches die Wechselwirkungen zwischen Längs- und Querkraft bei kombinierten Schlupfzuständen berücksichtigt [115]. Weiterhin ist ein Lenkungsmodell nach PFEFFER Bestandteil des ZSM [124]. Für eine ausführlichere Beschreibung des ZSM wird auf die Arbeit von Abel verwiesen [3]. Das ZSM wird im Rahmen des Entwicklungsprozesses eines Fahrzeugherstellers fortlaufend für Standardmanöver der Querdynamik, z. B. das Manöver Lenkradwinkelrampe nach ISO 4138, validiert [79]. Die Parametrierung erfolgt auf Basis der Daten eines virtuellen Achskinematikprüfstands. Weiterhin werden Konstruktionsdaten zur Parametrierung verwendet. Damit erfüllt das ZSM die Anforderungen hinsichtlich der Parametrierbarkeit in frühen Entwicklungsphasen.

Das generische Antriebsmodell setzt sich aus Modellen der Subsysteme Energiewandler (EW), Kennungswandler (KW) und Überlagerungsgetriebe (ÜG) zusammen. Weiterer Modellbestandteil ist eine Antriebsregeleinheit (ARE). Die Topologie des generischen Antriebsmodells ist in Abbildung 4.1 dargestellt. Der gezeigte Aufbau ermöglicht die Simulation beliebiger Verteilungen des Antriebsmoments auf die Räder. Eine Vorarbeit [131] weist die Eignung dieser Modelltopologie mit entsprechenden Teilmodellen für die Fahrdynamikauslegung nach. Im Folgenden sind die verwendeten Teilmodelle des EW, des KW, des ÜG und der ARE beschrieben.

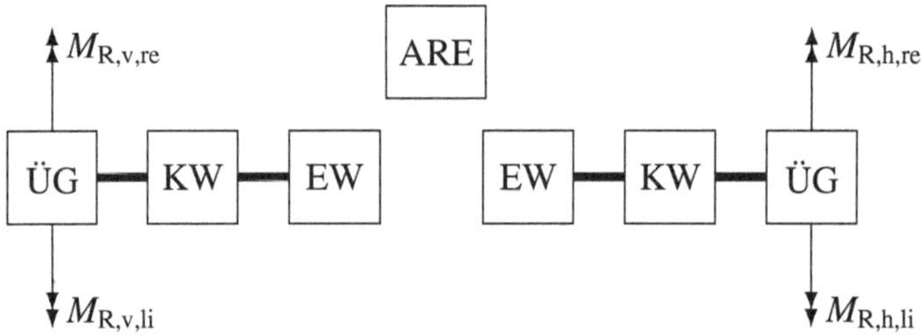

Abbildung 4.1: Topologie des generischen Antriebsmodells

Die Modellierung des EW basiert auf den Arbeiten von Bilgin et al., Larminie et al., Nordelöf et al., Vignati et al. und Zeraoulia et al. [17, 92, 113, 174, 192]. Verfügbare Leistung und Drehmoment werden auf Basis generischer Kennlinien, die in Abbildung 4.2 dargestellt sind, berechnet. Mittels der Parameter maximale Leistung $P_{E,max,v/h}$, maximales Drehmoment $M_{E,max,v/h}$ und Maximaldrehzahl $n_{E,max,v/h}$ erfolgt die Anpassung der Kennlinien. Weiterhin wird das rotatorische Trägheitsmoment mit dem Parameter $J_{E,v/h}$ berücksichtigt. Für die Anwendung in dieser Arbeit beschränkt sich die Modellierung auf elektrische EW. Weitere Arten von EW können durch entsprechende Anpassung der Kennlinien simuliert werden.

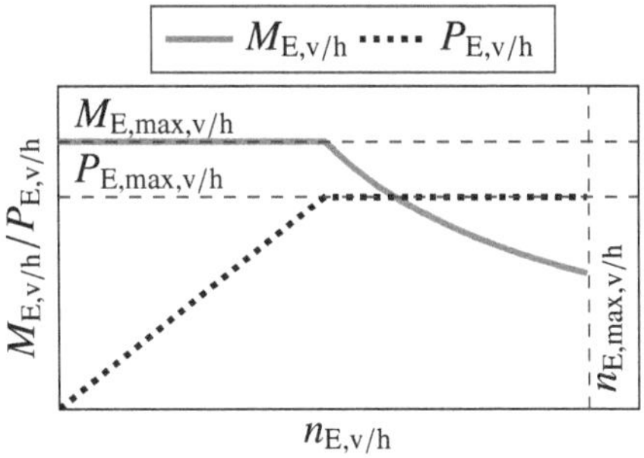

Abbildung 4.2: Generische Kennlinien der Energiewandler

Das Kennungswandlermodell berücksichtigt die Übersetzungen zwischen EW und den angetriebenen Rädern mit dem Übersetzungsverhältnis $i_{K,v/h}$. Weiterhin erfolgt die Berücksichtigung des Wirkungsgrads der Übersetzungsstufen mittels des Parameters $\eta_{K,v/h}$. Weiterer Modellbestandteil sind die Trägheitsmomente des KW auf der Seite des EW und am Abtrieb, welche durch die Parameter $J_{K,E,v/h}$ und $J_{K,A,v/h}$ repräsentiert werden.

Die Verteilung des Antriebsmoments auf die Räder einer Achse erfolgt mittels eines idealen ÜG. Damit können bis zu 100 % des Antriebsmoments der Achse auf ein Rad verteilt werden. Die Modellparameter $\chi_{v/h,li}$ und $\chi_{v/h,re}$ geben den relativen Anteil des Antriebsmoments am linken bzw. rechten Rad der Achse an. Die Summe der Parameter $\chi_{v/h,li}$ und $\chi_{v/h,re}$ einer Achse ergibt gemäß Definition in Gl. 4.1 den Wert eins. Ohne Ansteuerung durch die ARE wird das Antriebsmoment entsprechend dem Verhalten eines offenen Differentials mit einem Selbstsperrwert $S_{S,v/h}$ auf die Räder verteilt.

$$\chi_{v/h,li} + \chi_{v/h,re} = 1 \qquad \text{Gl. 4.1}$$

Das Antriebsmoment am linken bzw. rechten Rad $M_{R,v/h,li/re}$ berechnet sich für die erläuterte Antriebsstrangtopologie und unter Berücksichtigung der Winkelbeschleunigung des EW $\dot{\omega}_{E,v/h}$ nach Gl. 4.2. Das Energiewandlermoment $M_{E,v/h}$ beschleunigt die Trägheiten des EW $J_{E,v/h}$ sowie des KW $J_{K,E,v/h}$ und $J_{K,A,v/h}$.

Weiterhin erfolgt die Übersetzung mit dem Verhältnis $i_{\mathrm{K,v/h}}$, die Reduktion mit den Wirkungsgrad $\eta_{\mathrm{K,v/h}}$ sowie die Verteilung auf die Räder einer Achse gemäß dem Faktor $\chi_{\mathrm{v/h,li/re}}$.

$$M_{\mathrm{R,v/h,li/re}} = \chi_{\mathrm{v/h,li/re}} \Bigg[\eta_{\mathrm{K,v/h}} i_{\mathrm{K,v/h}} \Big(M_{\mathrm{E,v/h}} - (J_{\mathrm{E,v/h}} + J_{\mathrm{K,E,v/h}}) \dot{\omega}_{\mathrm{E,v/h}} \Big) - \frac{1}{i_{\mathrm{K,v/h}}} J_{\mathrm{K,A,v/h}} \dot{\omega}_{\mathrm{E,v/h}} \Bigg] \quad \text{Gl. 4.2}$$

Für die Anwendung im Zielableitungsverfahren werden die Parameter der EW des Fahrzeugs nicht einzeln, sondern durch übergeordnete Systemparameter definiert. Dadurch können die bei der Längsdynamikauslegung definierten Eigenschaften direkt zur Parametrierung des generischen Antriebsmodells genutzt werden. Weiterhin wird dadurch eine Reduktion der Modellparameteranzahl erzielt. Die Systemparameter sind die Systemleistung $P_{\mathrm{E,Sys}}$, das Systemdrehmoment $M_{\mathrm{E,Sys}}$, die Systemträgheit $J_{\mathrm{E,Sys}}$ und der Antriebsmomentanteil an der Hinterachse $\lambda_{\mathrm{M,Ant,h}}$. Deren Zusammenhang zu den Parametern $P_{\mathrm{E,max,v/h}}$, $M_{\mathrm{E,max,v/h}}$ und $J_{\mathrm{E,v/h}}$ zeigen Gl. 4.3, Gl. 4.4 sowie Gl. 4.5.

$$P_{\mathrm{E,max,v}} = (1 - \lambda_{\mathrm{M,Ant,h}}) P_{\mathrm{E,Sys}} \qquad P_{\mathrm{E,max,h}} = \lambda_{\mathrm{M,Ant,h}} P_{\mathrm{E,Sys}} \quad \text{Gl. 4.3}$$

$$M_{\mathrm{E,max,v}} = (1 - \lambda_{\mathrm{M,Ant,h}}) M_{\mathrm{E,Sys}} \qquad M_{\mathrm{E,max,h}} = \lambda_{\mathrm{M,Ant,h}} M_{\mathrm{E,Sys}} \quad \text{Gl. 4.4}$$

$$J_{\mathrm{E,v}} = (1 - \lambda_{\mathrm{M,Ant,h}}) J_{\mathrm{E,Sys}} \qquad J_{\mathrm{E,h}} = \lambda_{\mathrm{M,Ant,h}} J_{\mathrm{E,Sys}} \quad \text{Gl. 4.5}$$

Für die Ermittlung der Parameter der EW auf Basis der Systemparameter werden lineare Zusammenhänge zwischen dem maximalen Drehmoment, der Maximalleistung und dem Trägheitsmoment einer elektrischen Antriebsmaschine angenommen. Diese Annahmen beruhen auf Untersuchungen von BALAZS [9].

Die ARE steuert die Momentabgabe der EW. Die Ansteuerung basiert auf dem Fahrpedalwinkel, der mittels einer Fahrpedalkennline in eine Momentanforderung umgerechnet wird. Die Verteilung der Momentanforderung an die Energiewandler an Vorder- und Hinterachse erfolgt gemäß dem Wert von $\lambda_{\mathrm{M,Ant,h}}$. Weiterhin steuert die ARE die Momentverteilung der ÜG. Hierzu ist ein Torque Vectoring (TV)-Algorithmus implementiert. Basierend auf den Untersuchungen von Bechtloff, Hac et al., Lu et al., Matsuno et al. und Vignati et al. resultiert das TV-Giermoment $M_{z,\mathrm{TV}}$ aus einer Proportionalverstärkung der Differenz von Soll-Giergeschwindigkeit $\dot{\psi}_{\mathrm{Soll}}$ und Ist-Giergeschwindigkeit $\dot{\psi}_{\mathrm{Ist}}$ des Fahrzeugs gemäß Gl. 4.6 [13, 67, 96, 100, 175]. Die Verstärkung der Giergeschwindigkeitsdifferenz erfolgt mit dem Faktor V_{TV}.

$$M_{z,\mathrm{TV}} = V_{\mathrm{TV}} \left(\dot{\psi}_{\mathrm{Soll}} - \dot{\psi}_{\mathrm{Ist}}\right) \qquad \text{Gl. 4.6}$$

Die Soll-Giergeschwindigkeit $\dot{\psi}_{\mathrm{Soll}}$ repräsentiert das Ziel-Fahrverhalten und wird mithilfe des nichtlinearen Einspurmodells nach Mangia et al. berechnet [99]. Unterhalb des Querbeschleunigungswerts $a_{y,\mathrm{lin,TV}}$ entspricht das Modellverhalten dem eines stationären linearen Einspurmodells mit der charakteristischen Geschwindigkeit $v_{\mathrm{ch,TV}}$, dem Radstand l und der Lenkübersetzung i_{L}. Im linearen Bereich steigt die Soll-Giergeschwindigkeit $\dot{\psi}_{\mathrm{Soll,lin}}$ gemäß Gl. 4.7 bei gleichbleibender Horizontalgeschwindigkeit v_{h} proportional zum Lenkradwinkel δ_{H} an. Untersuchungen zeigen, dass ein derartiges Fahrverhalten von Normalfahrern als angenehm empfunden wird [107, 157, 165]. Aus diesem Grund streben verschiedene Fahrdynamikregelsysteme ein derartiges Fahrverhalten an [13, 81, 99, 103, 193]. Im Querbeschleunigungsbereich oberhalb von $a_{y,\mathrm{lin,TV}}$ verringert sich die Zunahme der Soll-Giergeschwindigkeit pro Lenkradwinkeländerung. Auf diese Weise wird ein untersteuerndes Fahrzeugverhalten simuliert. Oberhalb des Querbeschleunigungswerts $a_{y,\mathrm{max,TV}}$ steigt die Soll-Giergeschwindigkeit mit zunehmenden Lenkradwinkel nicht weiter an. Damit wird das Verhalten realer TV-Systeme nachempfunden, die aus Gründen der Fahrsicherheit und des Bauteilschutzes eine Begrenzung des TV-Giermoments bei hohen Querbeschleunigungen vorsehen [62, 99, 166]. In Gl. 4.8 ist der Zusammenhang zwischen Soll-Giergeschwindigkeit und Lenkradwinkel für den linearen und nichtlinearen Bereich gezeigt.

$$\dot{\psi}_{\mathrm{Soll,lin}} = \frac{1}{i_{\mathrm{L}} l} \frac{v_{\mathrm{h}}}{1 + (v_{\mathrm{h}}/v_{\mathrm{ch,TV}})^2} \delta_{\mathrm{H}} \qquad \text{Gl. 4.7}$$

$$\dot{\psi}_{\mathrm{Soll}} = \begin{cases} \dot{\psi}_{\mathrm{Soll,lin}}, & a_y \leq a_{y,\mathrm{lin,TV}} \\ \frac{a_{y,\mathrm{max,TV}}}{v_{\mathrm{h}}} + \frac{a_{y,\mathrm{lin,TV}} - a_{y,\mathrm{max,TV}}}{v_{\mathrm{h}}} \exp\left(\frac{a_{y,\mathrm{lin,TV}} - \dot{\psi}_{\mathrm{Soll,lin}} v_{\mathrm{h}}}{a_{y,\mathrm{max,TV}} - a_{y,\mathrm{lin,TV}}}\right), & a_y > a_{y,\mathrm{lin,TV}} \end{cases} \qquad \text{Gl. 4.8}$$

Die zur Realisierung des TV-Giermoments erforderliche Antriebsmomentdifferenz zwischen dem linken und rechten Rad der Vorderachse $\Delta M_{\mathrm{R,v}}$ bzw. der Hinterachse $\Delta M_{\mathrm{R,h}}$ berechnet sich gemäß Gl. 4.9 und Gl. 4.10. Grundlage der Berechnung ist das Momentgleichgewicht um die Hochachse des Fahrzeugs. Die Antriebsmomentdifferenz ist abhängig von den Spurweiten $b_{\mathrm{v/h}}$, den statischen Radhalbmessern $R_{\mathrm{stat,v/h}}$ sowie den mittleren Lenkwinkeln $\delta_{\mathrm{m,v/h}}$ der Achsen. Weiterhin wird der Anteil der Vorderachse an der Realisierung des TV-Giermoments durch den Parameter $\lambda_{\mathrm{Mz,TV,v}}$ beschrieben. Das Differenzmoment auf Radebene an Vorder- bzw. Hinterachse ist durch die Werte der Parameter $\Delta M_{\mathrm{R,max,v/h}}$ begrenzt.

$$\Delta M_{\mathrm{R,v}} = \mathrm{MIN}\left(\lambda_{\mathrm{Mz,TV,v}} \frac{R_{\mathrm{stat,v}}}{b_{\mathrm{v}} \cos \delta_{\mathrm{m,v}}} M_{z,\mathrm{TV}}, \Delta M_{\mathrm{R,max,v}}\right) \qquad \text{Gl. 4.9}$$

$$\Delta M_{\mathrm{R,h}} = \mathrm{MIN}\left((1 - \lambda_{\mathrm{Mz,TV,v}}) \frac{R_{\mathrm{stat,h}}}{b_{\mathrm{h}} \cos \delta_{\mathrm{m,h}}} M_{z,\mathrm{TV}}, \Delta M_{\mathrm{R,max,h}}\right) \qquad \text{Gl. 4.10}$$

Die Parametrierung von $P_{\mathrm{E,Sys}}$, $M_{\mathrm{E,Sys}}$, $J_{\mathrm{E,Sys}}$, $n_{\mathrm{E,max,v/h}}$ und $i_{\mathrm{K,v/h}}$ erfolgt auf Grundlage der Ergebnisse der Längsdynamikauslegung des Fahrzeugs. Die Parameterwerte von $\eta_{\mathrm{K,v/h}}$, $J_{\mathrm{K,E,v/h}}$, $J_{\mathrm{K,A,v/h}}$ und $S_{\mathrm{S,v/h}}$ werden auf Basis von Getriebedatenbanken sowie Konstruktionsdaten festgelegt. Weitere Modellparameter wie der Antriebsmomentanteil an der Hinterachse $\lambda_{\mathrm{M,Ant,h}}$, die maximalen Differenzmomente $\Delta M_{\mathrm{R,max,v/h}}$ sowie die Parameter des TV-Algorithmus dienen als Stellgrößen für die Fahrdynamikauslegung.

Das Fahrzeugmodell bestehend aus ZSM und generischem Antriebsmodell ist somit mit den in der Konzeptphase zur Verfügung stehenden Daten parametrierbar. Weiterhin ermöglicht das Modell eine konzeptunabhängige Simulation der Fahrdynamik. Untersuchungen zur Ausführungsgeschwindigkeit zeigen, dass Fahrdynamiksimulationen in Echtzeit oder schneller auf üblichen Desktop-Computern möglich sind. Damit sind die Anforderungen hinsichtlich Einfachheit, Allgemeingültigkeit und Laufzeit erfüllt.

Die Analyse der Modellgüte erfolgt auf Basis eines Vergleichs von simuliertem Fahrzeugverhalten und Messdaten des Referenzfahrzeugs aus Kapitel 3 bezüglich der Manöver PONC4040 und PONC7560. Die Modellvalidierung ist in Abschnitt A.4 des Anhangs ausführlich beschrieben. Die Validierungsergebnisse zeigen, dass das Simulationsmodell die Anforderungen der Normen ISO 19365 und ISO 22140 hinsichtlich der Ergebnisqualität erfüllt [76, 80]. Weiterhin betragen die Abweichungen zwischen Simulation und Messung hinsichtlich der Längsbeschleunigung, der Querbeschleunigung, dem Schwimmwinkel im Fahrzeugschwerpunkt sowie den Motormomenten im Mittel weniger als 5 %.

Folglich erfüllt das vorgestellte Simulationsmodell alle Anforderungen für die Anwendung im Rahmen der Fahrdynamikauslegung. Das Modell bildet die Grundlage für die in den nachfolgenden Abschnitten vorgestellten Methoden.

4.3 Vorgehen zur Identifikation relevanter Fahrzeugeigenschaften

Aus Effizienzgründen beschränkt sich die Fahrdynamikauslegung auf die, für den jeweiligen Fahrdynamikbereich relevanten Fahrzeugeigenschaften. Zur Identifikation der relevanten Eigenschaften wird nachfolgend ein generisches Verfahren basierend auf einer Sensitivitätsanalyse (SA) und unter Nutzung des Simulationsmodells aus Kapitel 4.2 vorgestellt.

Zur Identifikation relevanter Subsystem- bzw. Komponenteneigenschaften werden Sensitivitäten von Modellparametern hinsichtlich objektiver Bewertungskriterien der Fahrdynamik analysiert. Methodische Grundlage bildet die varianzbasierte Sensitivitätsanalyse (VBSA) nach Sobol [164]. Ergebnis dieser Methode sind quantitative Aussagen zum Einfluss der Modellparametern auf die Modellausgangsgrößen, in diesem Kontext die objektiven Bewertungskriterien [8, 25, 139, 140]. Die Aussagen sind dabei global, also für den gesamten Parameterdefinitionsbereich, gültig [139, 140]. Die Ermittlung der Parametersensitivitäten basiert auf der Dekomposition der vollständigen Varianz einer

Modellausgangsgröße in sogenannte bedingte Varianzen, die auf die Varianz von Modellparametern zurückzuführen sind [142]. Die bedingten Varianzen werden in dieser Arbeit mithilfe des Varianzschätzers nach JANSEN berechnet und dienen als Grundlage für die Berechnung von Totaleffekten $S_{\mathrm{T}i}$ [140, 142]. Der Totaleffekt gibt den absoluten Einfluss eines Parameters unter Berücksichtigung von Effekten höherer Ordnung an und ist damit gemäß SALTELLI et al. ein geeignetes Kriterium für die Identifikation relevanter Modellparameter [140].

Ziel des vorgestellten Verfahrens ist es, möglichst allgemeingültige Aussagen zum Einfluss der N Fahrzeugparameter auf die untersuchten Fahrdynamikkriterien zu erzielen. Unter der Annahme von Wechselwirkungen zwischen den Parametern ist dazu ein Vollfaktorplan erforderlich [160]. Die daraus resultierende Anzahl an Parameterkombinationen ist i. d. R. nicht in sinnvollen Zeiträumen auswertbar. Daher wird der Versuchsplan folgendermaßen reduziert. Die Analyse beschränkt sich auf Fahrzeugparameter, deren Relevanz für die Fahrdynamik aus früheren Untersuchungen bekannt oder auf Basis physikalischer Überlegungen erwartbar ist. Weiterhin werden Stützstellen von Kennlinien (z. B. Dämpfer) nicht separat variiert, sondern einheitlich mit einem Faktor skaliert, wodurch die grundsätzliche Charakteristik erhalten bleibt. Bei Polynomen (z. B. der Radaufhängung) erfolgt lediglich die Variation der linearen Terme.

Zur Berücksichtigung des Einflusses verschiedener Grundcharakteristiken der Kennlinien und Polynome wird ein Vorgehen nach KETZMERICK gewählt [85]. Das Verfahren basiert auf mehreren Basisfahrzeugen mit unterschiedlichen Grundcharakteristiken der Kennlinien und Polynome. Für jedes Basisfahrzeug erfolgt eine separate Analyse der Sensitivitäten von skalaren Fahrzeugparametern, Skalierungsfaktoren der Kennlinien und linearen Termen der Polynome.

Zur Erhöhung der Stabilität der Fahrdynamiksimulation erfolgt die Variation der Parameter eines Basisfahrzeugs lediglich in einem Teilintervall des gesamten zulässigen Variationsbereichs, wie in Abbildung 4.3 dargestellt. Auf diese Weise werden extreme Parameterkombinationen, die zu einem instabilen Fahrzeugverhalten führen können, vermieden. Durch die Analyse mehrerer Basisfahrzeuge wird dennoch annähernd der gesamte Variationsbereich aller untersuchter Parameter berücksichtigt. Die Parametervariationsbereiche werden auf Basis von Fahrzeug- und Konstruktionsdatenbanken ermittelt.

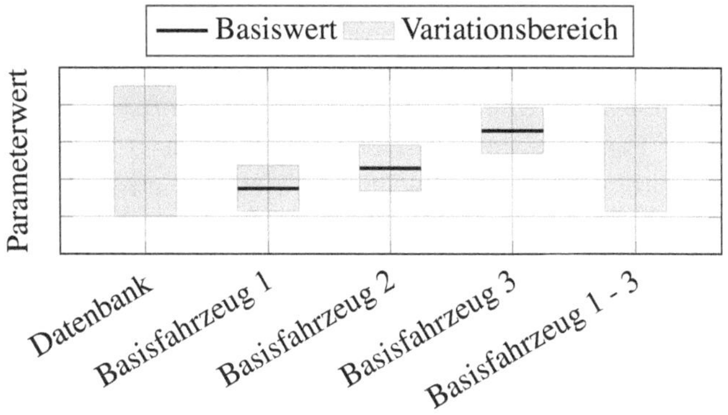

Abbildung 4.3: Exemplarische Parametervariation mit drei Basisfahrzeugen

Die Analyse des N-dimensionalen Parametervariationsraums erfolgt entlang sogenannter Trajektorien, die mit einem One-factor-at-a-time-Ansatz erzeugt werden [139]. Jede Trajektorie besteht aus $N+2$ Einzelpunkten, die jeweils eine zu simulierende Fahrzeugkonfiguration definieren. Start- und Endpunkte einer Trajektorie werden quasi-zufällig mithilfe einer Sobol-Sequenz bestimmt [163]. Die Gesamtheit aller Trajektorien ergibt den Versuchsplan der SA. Auf Basis der Simulationsergebnisse erfolgt die Berechnung zugehöriger Werte der objektiven Bewertungskriterien. Zur Steigerung der zeitlichen Effizienz werden mehrere Fahrzeugkonfigurationen parallel simuliert. Basierend auf den Werten der objektiven Kriterien und der korrespondierenden Parametervariation erfolgt die Ermittlung der Totaleffekte. Die Konvergenz der Sensitivitätsindizes wird mithilfe eines Bootstrapping-Verfahrens geprüft [43]. Im Falle eines nichtkonvergenten Verhaltens erfolgt eine Erweiterung des Versuchsplans aufbauend auf den bestehenden Ergebnissen.

Für die Identifikation einflussreicher Parameter erfolgt eine Normierung der Totaleffekte gemäß Gl. 4.11. Der Totaleffekt $S_{\mathrm{T}i}$ des i-ten Parameters wird auf die Summe der Totaleffekte aller N Parameter bezogen. Die Normierung erfolgt für jedes Bewertungskriterium separat. Auf Basis der normierten Totaleffekte $S_{\mathrm{T}i,\mathrm{norm}}$ werden Parameter mit einem relativen Einfluss von $\geq 5\,\%$ auf mindestens ein objektives Bewertungskriterium identifiziert. Grundlage dieses Schwellwerts ist eine Abwägung von Parameteranzahl und Einflussstärke sowie Erkenntnisse aus der Anwendung des Verfahrens in [130]. Die Parameteridentifikation erfolgt für alle drei Basisfahrzeuge separat. Die Vereinigungsmenge der identifizierten Parameter aller Basisfahrzeuge ist das Ergebnis des Verfahrens. Für die korrespondierenden Subsystem- bzw. Komponenteneigenschaften sind im weiteren Auslegungsprozess geeignete Zielbereiche zur Erreichung der Fahrdynamikziele des Gesamtfahrzeugs abzuleiten. Hierfür wird im nachfolgenden Abschnitt ein simulationsbasiertes Verfahren vorgestellt.

$$S_{\mathrm{T}i,\mathrm{norm}} = \frac{S_{\mathrm{T}i}}{\sum_{i=1}^{N} S_{\mathrm{T}i}} \quad \text{Gl. 4.11}$$

4.4 Methode zur Ableitung von Eigenschaftszielen für Subsysteme und Komponenten

Im Folgenden wird ein simulationsbasiertes Verfahren für die effiziente Ableitung von Eigenschaftszielbereichen für die Subsysteme und Komponenten des Fahrzeugs vorgestellt. Eingangsgrößen sind die Fahrdynamikziele des Gesamtfahrzeugs, die in Form von Wertebereichen objektiver Bewertungskriterien vorliegen. Die Zielableitung erfolgt auf Basis des Simulationsmodells aus Unterkapitel 4.2. Das Modell wird zu Beginn des Verfahrens mit Konzeptdaten des Fahrzeugs parametriert. Für die zu den auszulegenden Eigenschaften korrespondierenden Modellparameter werden zulässige Variationsbereiche definiert. Mit den Variationsbereichen erfolgt u. a. die Berücksichtigung von Einschränkungen hinsichtlich der technischen Realisierbarkeit oder Restriktionen von Fahrzeugplattformen. Die Variationsbereiche spannen einen Parameterraum auf, dessen Dimension der Anzahl an Auslegungsparameter N_{AP} entspricht.

Nach der Definition der Eingangsgrößen und der Parametrierung des Simulationsmodells startet der eigentliche Zielableitungsprozess, der in zwei Hauptschritte unterteilt ist. Im ersten Schritt erfolgt die Ermittlung diskreter Zielwerte für die Auslegungsparameter. Hierzu wird der N_{AP}-dimensionale Parameterraum systematisch nach Fahrzeugkonfigurationen durchsucht, welche die Gesamtfahrzeugziele hinsichtlich der Fahrdynamik erfüllen. Diese Fahrzeugkonfigurationen sind definiert durch diskrete Werte der Auslegungsparameter und entsprechen Punkten im Parameterraum. Im zweiten Schritt des Zielableitungsprozesses erfolgt die Ermittlung robuster und unabhängiger Zielbereiche. Hierzu wird ausgehend von den diskreten Parameterwerten einer geeigneten Fahrzeugkonfiguration, ein sogenannter Lösungsraum (engl. Solution Space) ermittelt. Innerhalb des Lösungsraums erfüllen die durch die Parameterwerte definierten Fahrzeugkonfigurationen die Gesamtfahrzeugziele mit einer festgelegten Wahrscheinlichkeit. Somit repräsentiert die Ausdehnung des Lösungsraums in einer Dimension den Zielbereich eines der N_{AP} Auslegungsparameter. Der Lösungsraum hat dabei die Gestalt eines Hyperrechtecks, wodurch die Parameterzielbereiche unabhängig voneinander sind. Die beiden Verfahrensschritte sind nachfolgend näher erläutert.

Die Identifikation geeigneter Fahrzeugkonfigurationen erfolgt mithilfe des Firefly-Algorithmus (FA) nach YANG mit Erweiterungen nach TAO et al. und einer für die konkrete Anwendung entwickelten Erweiterung [167, 168, 189]. Der Algorithmus ist ausführlich in Abschnitt A.6 des Anhangs beschrieben. Nachfolgend sind wichtige Eigenschaften des FA und der Zielfunktion erläutert.

Der FA ist ein metaheuristischer Optimierungsalgorithmus für die Suche nach einem oder mehreren globalen Optima einer nichtlinearen Zielfunktion [189]. Zur Identifikation geeigneter Fahrzeugkonfigurationen wird die in Gl. 4.12 definierte Zielfunktion verwendet. Die Zielfunktion $Z(\boldsymbol{X})$ ist ein Maß für den Abstand der Werte der objektiven Kriterien $K_k(\boldsymbol{X})$ einer Fahrzeugkonfiguration zum jeweiligen Zielbereich $\boldsymbol{ZB}_k$. Bei der Berechnung werden zwei Fälle unterschieden. Ein Summand der Zielfunktion ist gleich Null, wenn sich der Wert des objektiven Kriteriums innerhalb des Zielbereichs befindet. Ist der Wert außerhalb des Zielbereichs, so ist der korrespondierende Summand gleich dem Betrag der relativen Differenz von objektivem Kriterium und Mittelwert des Zielbereichs $\overline{\boldsymbol{ZB}}_k$. Der Wert von $Z(\boldsymbol{X})$ ergibt sich aus der Addition der Summanden aller N_{K} objektiven Kriterien. Für die Berechnung der Werte der objektiven Kriterien $K_k(\boldsymbol{X})$ ist die Auswertung des Simulationsmodells mit den durch den Punkt $\boldsymbol{X}$ im Parameterraum definierten Parametern erforderlich.

$$Z(\boldsymbol{X}) = \sum_{k=1}^{N_{\mathrm{K}}} \left(\begin{cases} 0, & K_k(\boldsymbol{X}) \in \boldsymbol{ZB}_k \\ \left| \frac{K_k(\boldsymbol{X}) - \overline{\boldsymbol{ZB}}_k}{\overline{\boldsymbol{ZB}}_k} \right|, & K_k(\boldsymbol{X}) \notin \boldsymbol{ZB}_k \end{cases} \right) \qquad \text{Gl. 4.12}$$

Ziel der Optimierung ist die Identifikation von Fahrzeugkonfigurationen, deren Fahreigenschaften die definierten Ziele erfüllen. Daher erfolgt eine Suche nach Parameterkombinationen $\boldsymbol{X}$, die zu einem Funktionswert $Z(\boldsymbol{X}) = 0$ führen. Diese Punkte entsprechen Minima der Zielfunktion. Zu deren Identifikation analysiert der FA verschiedene Bereiche des Parameterraums gleichzeitig. Dadurch ist es möglich mehrere Minima in weit entfernten Bereichen des Parameterraums und damit Fahrzeugkonfigurationen mit signifikant unterschiedlichen Parameterwerten zu identifizieren. Die Diversität der identifizierten Fahrzeugkonfigurationen wird zudem durch eine entsprechende Erweiterung des Algorithmus erhöht. Diese sorgt dafür, dass Bereiche des Parameterraums, in denen bereits Minima identifiziert sind, mit einer geringeren Priorität in nachfolgenden Iterationen analysiert werden als Bereiche, in denen bisher keine Minima bekannt sind. Nach der letzten Iteration des FA werden die identifizierten Optima auf Ähnlichkeit überprüft und Optima mit sehr ähnlichen bzw. gleichen Werte der Parameter gefiltert. Zur Steigerung der Ausführungsgeschwindigkeit erfolgen mehrere Zielfunktionsauswertungen parallel.

Für die Anwendung des FA im Rahmen der Fahrdynamikauslegung wird eine maximale Anzahl von 200 Iterationen definiert. Diese Festlegung basiert auf Literaturangaben sowie eigenen Analysen [46, 59, 98, 167]. Als weiteres Abbruchkriterium ist eine maximale Anzahl von $9\,N_{\mathrm{AP}}$ identifizierten Optima definiert. Die Werte weiterer Verfahrensparameter des FA sind in Tabelle A6.1 im Anhang aufgeführt.

Die Ermittlung der Parameterzielbereiche im zweiten Schritt des Zielableitungsverfahrens erfolgt mit dem Solution Space-Algorithmus (SSA) nach GRAFF [63]. Dieser Optimierungsalgorithmus ermöglicht die Ermittlung eines Lösungsraums einer nichtlinearen Funktion auf Basis einer bekannten Lösung. Der Lösungsraum, auch als Lösungsbox bezeichnet, ist definiert als kartesisches Produkt von Parameterintervallen und repräsentiert im mehrdimensionalen Parameterraum ein Hyperrechteck. Durch diese spezielle Gestalt des Lösungsraums sind die Dimensionen entkoppelt und die Parameterintervalle somit unabhängig voneinander. Punkte innerhalb des Lösungsraums erfüllen mit einer definierten Wahrscheinlichkeit eine an die auszuwertende Funktion geknüpfte Bedingung. Im Rahmen des Zielableitungsverfahrens wird die in Gl. 4.12 definierte Funktion $Z(\boldsymbol{X})$ ausgewertet. Ziel der Anwendung in dieser Arbeit ist es, einen Lösungsraum in dem die Punkte $\boldsymbol{X}$ die Bedingung $Z(\boldsymbol{X}) = 0$ erfüllen, zu identifizieren. Hierzu werden die nachfolgend beschriebenen Verfahrensschritte des SSA durchgeführt. Diese sind in Abbildung 4.4 exemplarisch für eine zweidimensionale Funktion dargestellt.

Der SSA beginnt mit der Erzeugung einer initialen Lösungsbox in der Umgebung eines mithilfe des FA identifizierten Minimums der Funktion $Z(\boldsymbol{X})$. In der ersten Phase, der sogenannten Erkundungsphase, wird das Volumen der Lösungsbox iterativ vergrößert. Hierzu werden die nachfolgend erläuterten Verfahrensschritte durchgeführt. Zunächst erfolgt eine Ausdehnung der Lösungsbox mit einer initialen Wachstumsrate von 10 % in allen Dimensionen. Anschließend erfolgt die Evaluation der Lösungsbox. Hierzu werden basierend auf einer Sobol-Sequenz 5 N_{AP} Punkte innerhalb der Box ausgewählt und zugehörige Werte der Funktion $Z(\boldsymbol{X})$ ermittelt. Die untersuchten Punkte $\boldsymbol{X}$ werden als geeignet deklariert, wenn diese die Bedingung $Z(\boldsymbol{X}) = 0$ erfüllen. Andernfalls erfolgt die Zuordnung zur Gruppe von ungeeigneten Punkten. Aufbauend auf den Evaluationsergebnissen erfolgt die Anpassung der Lösungsboxgrenzen, auch als Beschneidung bezeichnet. Ziel ist der Ausschluss von Bereichen der Lösungsbox, die ungeeignete Punkte enthalten. In der Regel gibt es mehrere Möglichkeiten für die Anpassung der Grenzen. In dieser Arbeit erfolgt die Beschneidung so, dass ein optimales Verhältnis aus maximalem Volumen und größter Breite des schmalsten Parameterintervalls erzielt wird. Das entsprechende Verfahren ist in [63] ausführlich beschrieben. Auf diese Weise sollen schmale Zielbereiche, die eine geringe Robustheit gegenüber schwankenden Randbedingungen aufweisen, vermieden werden. Die beschriebenen Verfahrensschritte werden iterativ wiederholt, bis die Volumenänderung der Lösungsbox in fünf aufeinanderfolgenden Iterationen weniger als 1 % beträgt.

In der zweiten Phase, der Konsolidierungsphase, werden die Verfahrensschritte Evaluation und Beschneidung mehrfach iterativ ausgeführt. Ziel ist eine Lösungsbox, die mit einer definierten Wahrscheinlich nur Punkte enthält, welche die Bedingung $Z(\boldsymbol{X}) = 0$ erfüllen. Die Verfahrensschritte sind dabei analog zur ersten Phase des Algorithmus. Zusätzlich erfolgt auf Basis der ausgewerteten Punkte die Berechnung des Verhältnisses von geeigneten Punkten zur Gesamtpunktanzahl innerhalb der Lösungsbox. Darauf aufbauend wird mithilfe von Methoden der Bayes'schen Statistik der tatsächliche Anteil von geeigneten Punkten geschätzt. Die Konsolidierungsphase endet, sobald die Lösungsbox mit einer Wahrscheinlichkeit von 0,95 ausschließlich geeignete Punkte enthält.

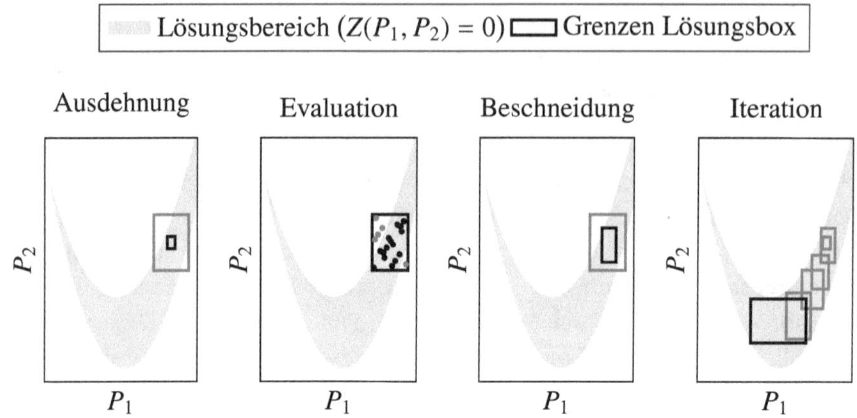

Abbildung 4.4: Verfahrensschritte der ersten Phase des SSA am Beispiel einer zweidimensionalen Funktion $Z(P_1, P_2)$

Das Ergebnis des SSA ist eine Lösungsbox der Funktion $Z(X)$, deren Dimensionen die untersuchten Fahrzeugparameter repräsentieren. Die Ausdehnung einer Dimension definiert den Zielbereich der korrespondierenden Subsystem- bzw. Komponenteneigenschaft. Durch die Entkopplung der Dimensionen sind die Zielbereiche unabhängig voneinander.

5 Methoden für die virtuelle Fahrdynamikapplikation

Im Anschluss an die Komponentenentwicklung erfolgt nach dem V-Modell die schrittweise Integration der Komponenten zu Systemen und der Systeme zu einem Gesamtfahrzeug. Parallel dazu findet die Feinabstimmung der fahrdynamischen Eigenschaften des Fahrzeugs durch die Applikation von Fahrdynamikfunktionen und -steuergeräten statt. Hierfür stellt dieses Kapitel Methoden basierend auf einem Software-in-the-Loop-Ansatz und objektiven Bewertungskriterien der Fahrdynamik vor, die eine effiziente virtuelle Vorapplikation ermöglichen sowie die versuchsbasierte Applikation unterstützen. Besonderes Merkmal der Verfahren ist die Mehrfachnutzung vorhandener Simulationsergebnisse, womit die Effizienz weiter gesteigert wird. Damit sind die Methoden u. a. zur Applikation komplexer Fahrdynamikregelsysteme anwendbar.

5.1 Zielsetzung und Anforderungen

Mit den in diesem Kapitel vorgestellten Methoden ist das Ziel verbunden die Prozesseffizienz der Applikation von Fahrdynamikfunktionen zu erhöhen. Wie in Kapitel 1 beschrieben, basieren aktuelle Prozesse oftmals auf Fahrversuchen mit physischen Prototypen und dem Urteil einzelner Versuchsingenieure. Dadurch werden Zielabweichungen häufig erst spät im Entwicklungsprozess erkannt. Weiterhin sind Änderungsmaßnahmen i. d. R. mit hohen Kosten und Verzögerungen im Entwicklungsablauf verbunden. Zur Minimierung dieses Risikos und zur Verringerung der Entwicklungskosten werden simulationsbasierte Methoden angestrebt, die eine zeitliche Vorverlagerung und Effizienzsteigerung der Prozesse ermöglichen. Dieses Ziel soll u. a. durch eine stärkere Systematisierung des Applikationsvorgehens und einer Verringerung der Anzahl notwendiger Entwicklungsschleifen erreicht werden. Das größte Potential für virtuelle Verfahren im Fahrzeugentwicklungsprozess besteht zu Beginn der Applikation, da zu diesem Zeitpunkt keine oder nur wenige physische Prototypen

J. Raabe, *Methoden zur durchgängigen virtuellen Eigenschaftsentwicklung von Fahrzeugen hinsichtlich kombinierter Längs- und Querdynamik*,
Wissenschaftliche Reihe Fahrzeugtechnik Universität Stuttgart,
https://doi.org/10.1007/978-3-658-50210-2_5

mit ausreichendem Reifegrad zur Verfügung stehen [101, 147, 149, 177]. Daher liegt der Fokus auf Methoden für die initiale Applikation von Fahrdynamikfunktionen in standardisierten Open-loop-Manövern. Es besteht kein Anspruch eine allumfassende und ausschließlich virtuelle Applikation zu ermöglichen.

Für die Anwendung im Fahrzeugentwicklungsprozess sollten die Methoden möglichst generisch aufgebaut und für beliebige Fahrdynamikfunktionen anwendbar sein. Zudem ist ein hoher Automatisierungsgrad zur Minimierung des Aufwands bei der Anwendung angestrebt. Eine weitere Anforderung ist die einfache Integrierbarkeit der Methoden in bestehende Entwicklungsprozesse. Hierzu sollten die Verfahren auf bestehenden Vorgehensweisen wie z. B. üblichen Fahrmanövern und Bewertungskriterien aufbauen. Weiterhin ist die Verwendung bestehender Simulationsumgebungen und Datenbasen zur Parametrierung erstrebenswert. Zur Gewährleistung eines fließenden Übergangs zwischen virtueller und versuchsbasierter Entwicklung sollten die Methoden die Software und Parameter des Zielsystems nutzen. Weiterhin ist ein Wirkkettenverständnis zum Zusammenspiel zwischen Fahrzeug und Fahrdynamikfunktion zu vermitteln, um die Akzeptanz und Nachvollziehbarkeit der Ergebnisse zu erhöhen. Letztlich sollten alle Verfahren in einem für die Fahrzeugentwicklung adäquaten Zeitrahmen durchführbar sein. Auf Basis der genannten Anforderungen werden entsprechende Methoden entwickelt und in den nachfolgenden Abschnitt erläutert.

5.2 Simulationsumgebung für die virtuelle Fahrdynamikapplikation

Die in diesem Kapitel vorgestellte Simulationsumgebung dient als Basis für die weiteren simulationsbasierten Applikationsmethoden. Wesentliche Elemente der Umgebung sind ein Fahrzeugmodell, ein Steuergerätemodell sowie eine Programmierschnittstelle. Der Aufbau der Elemente und deren Interaktion ist in Abbildung 5.1 dargestellt.

Das Fahrzeugmodell beinhaltet die für die Simulation der Fahrdynamik relevanten passiven Systeme des Fahrzeugs sowie Modelle der Aktoren von Fahrdynamikregelsystemen. Die grundlegende Modellarchitektur entspricht der

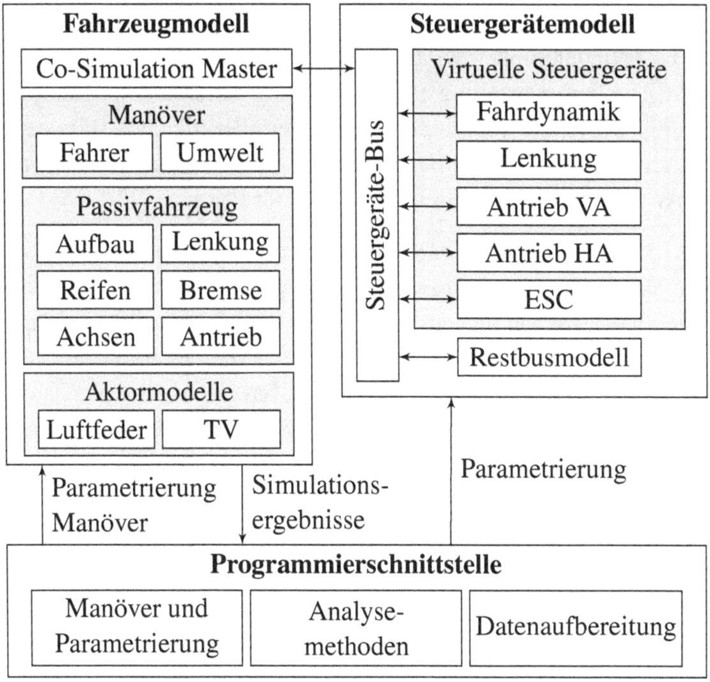

Abbildung 5.1: Simulationsumgebung für virtuelle Fahrdynamikapplikation

eines 5-Massen-Zweispurmodells mit Teilmodellen für den Fahrzeugaufbau, die Achsen, den Antrieb, die Lenkung, das Bremssystem und die Reifen. Je nach Untersuchungsziel und Fahrzeug sind Modelle von Aktoren wie z. B. der Luftfederung und des Torque Vectoring (TV) integrierbar. Der modulare Aufbau ermöglicht die Simulation von beliebigen Fahrzeugkonfigurationen mit unterschiedlichem Detaillierungsgrad. Für die Anwendung in dieser Arbeit werden die Fahrzeugachsen durch Kennlinien repräsentiert. Die Simulation der Reifeneigenschaften erfolgt mit einem Magic Formula Tire-Modell. Der Aktor des TV-Systems ist als proportionales Übertragungsglied mit Verzögerung 2. Ordnung modelliert. Für die Simulation der Eigenschaften des Antriebs, der Lenkung, der Bremse sowie der Luftfeder kommen Modelle eines Fahrzeugherstellers zum Einsatz, auf deren Beschreibung verzichtet wird. Zudem beinhaltet das Fahrzeugmodell Teilmodelle für die Manöver-, Fahrer- und

Umweltsimulation sowie ein Modul für die Interaktion mit dem Steuergerätemodell. Das Fahrzeugmodell wird für eine zeiteffiziente Simulation als C-Code ausgeführt. Die Parametrierung erfolgt auf Basis der Daten der Komponentenentwicklung. Durch die Verwendung ähnlicher oder gleicher Teilmodelle wie z. B. der Achsen- und Reifenmodelle können die in Kapitel 4.2 beschriebenen Vorgehensweisen zur Parametrierung angewandt werden.

Das Steuergerätemodell dient zur Simulation der Fahrdynamikfunktionen und deren Interaktion. Hierzu wird die Software der physischen Fahrzeugsteuergeräte auf virtuellen Steuergeräten ausgeführt. Der modulare Aufbau ermöglicht die Simulation einer variierenden Anzahl an Steuergeräten. Für die Untersuchungen in dieser Arbeit werden der zentrale Fahrdynamikregler, der Lenkungsregler, die Electronic Stability Control (ESC)-Logik sowie die Regelung der elektrischen Maschinen an Vorder- und Hinterachse berücksichtigt. Mit dem Restbusmodell werden das Verhalten und die Signale weiterer Steuergeräte des Fahrzeugs, die für die Interaktion mit den Fahrdynamikfunktionen relevant sind, in vereinfachter Form simuliert. Alle virtuellen Steuergeräte sowie das Restbusmodell kommunizieren über einen internen Datenbus. Weiterhin erfolgt ein Datenaustausch mit dem Fahrzeugmodell und der Programmierschnittstelle, wie in Abbildung 5.1 dargestellt.

Die Interaktion von Fahrzeug- und Steuergerätemodell erfolgt in Form einer Co-Simulation nach dem Master-Slave-Prinzip. Das Fahrzeugmodell fungiert als Master und steuert den zeitlichen Simulationsablauf und den Datenaustausch mit dem Steuergerätemodell. Weiterer Bestandteil der Simulationsumgebung ist eine Programmierschnittstelle. Über diese Schnittstelle erfolgt die Parametrierung von Fahrzeug- und Steuergerätemodell, die Manöverdefinition sowie die Ausführung von Analysemethoden. Weiterhin wird die Programmierschnittstelle für die Nachverarbeitung und Ausgabe der Simulationsergebnisse genutzt.

Die Simulationsumgebung ist für die Ausführung auf gewöhnlichen Desktop-Computern konzipiert. Die Validierung des Verbunds aus Fahrzeug- und Steuergerätemodell erfolgt fortlaufend im Rahmen des Entwicklungsprozesses eines Fahrzeugherstellers. Auf eine weitere Validierung der Simulationsumgebung wird daher in dieser Arbeit verzichtet. In den nachfolgenden Abschnitten erfolgt die Vorstellung von virtuellen Applikationsverfahren, welche die vorgestellte

Simulationsumgebung zur Fahrdynamiksimulation nutzen und über die Programmierschnittstelle mit dieser interagieren.

5.3 Vorgehen zur Einflussanalyse von Funktionsparametern

Für die systematische Applikation von Fahrdynamikfunktionen sind fundierte Kenntnisse zum Einfluss der Funktionsparameter auf die Fahrdynamik des Gesamtfahrzeugs essentiell. Zum Aufbau dieses Wirkkettenverständnisses wird nachfolgend ein simulationsbasiertes Vorgehen vorgestellt. Ergebnis des Verfahrens ist eine Matrix, welche die Sensitivität der Funktionsparameter bezüglich objektiver Kriterien der Fahrdynamik darstellt und eine Vorzugsreihenfolge für die Applikation aufzeigt.

Die Grundlage des nachfolgend vorgestellten Vorgehens stellt das Verfahren zur Erzeugung von Applikationslandkarten nach BRAUNHOLZ dar [25]. Im ersten Schritt des Verfahrens werden Sensitivitäten der Parameter einer Fahrdynamikfunktion hinsichtlich objektiver Kriterien der Fahrdynamik untersucht. Die Analyse der Parametersensitivitäten erfolgt in dieser Arbeit mittels der Elementareffektmethode (EEM) nach CAMPOLONGO et al. und MORRIS [28, 108]. Wie in Kapitel 1 erläutert, zeichnet sich die EEM durch eine höhere Konvergenzrate im Vergleich zur varianzbasierten Sensitivitätsanalyse aus und eignet sich daher für die Analyse von Funktionen mit bis zu 100 Parametern [25, 50, 140]. Zudem kann mithilfe der EEM die Richtung (Vorzeichen) des Parametereinflusses ermittelt werden, dessen Kenntnis für die Applikation einer Fahrdynamikfunktion essentiell ist.

Der Elementareffekt $EE_{i,k}$ ist ein Maß für die Änderung der Ausgangsgröße K_k infolge der Änderung des Parameters X_i bezogen auf die relative Parameteränderung Δ [108]. Ausgangsgrößen sind in diesem Fall die objektiven Fahrdynamikkriterien K. Die Definition des Elementareffekts zeigt Gl. 5.1.

$$EE_{i,k}^{j} = \frac{K_k\left(X_1^j, ..., (1+\Delta)\,X_i^j, ..., X_\mathrm{N}^j\right) - K_k\left(\boldsymbol{X}^j\right)}{\Delta} \qquad \text{Gl. 5.1}$$

Die Auswertung der Elementareffekte erfolgt an mehreren Punkten $\boldsymbol{X}^j$ des N-dimensionalen Parameterraums der Fahrdynamikfunktion, gekennzeichnet durch die Laufvariable j. Diese Punkte werden auf Basis einer Sobol-Sequenz bestimmt [163]. Ausgehend von diesen Punkten erfolgt die Variation der N-Funktionsparameter gemäß dem in Kapitel 4.3 beschriebenen Trajektorieverfahren. Jede der N_T Trajektorien besteht aus $N + 1$ Einzelpunkten [139]. Die Gesamtheit aller Trajektorien ergibt den Versuchsplan der EEM. Zur Quantifizierung des globalen Parametereinflusses wird der Mittelwert der Verteilung der Elementareffekte μ sowie der Verteilung der absoluten Elementareffekte μ^* berechnet. Die Definitionen dieser Sensitivitätsindizes zeigt Gl. 5.2 [28, 139]. Die Konvergenz der Indizes wird mit einem Bootstrapping-Verfahren nach Sarrazin et al. geprüft [143].

$$\mu_{i,k} = \frac{1}{N_\mathrm{T}} \sum_{j=1}^{N_\mathrm{T}} EE_{i,k}^j \qquad \mu_{i,k}^* = \frac{1}{N_\mathrm{T}} \sum_{j=1}^{N_\mathrm{T}} \left| EE_{i,k}^j \right| \qquad \text{Gl. 5.2}$$

Der Sensitivitätsindex $\mu_{i,k}^*$ ist aufgrund der Auswertung von Absolutwerten für die Analyse von nicht-monotonen Systemen geeignet, bei denen sich gegenläufige Effekte eines Parameters ausgleichen können [28, 140]. Allerdings beinhaltet $\mu_{i,k}^*$ keine Information zur Richtung des Parametereinflusses. Die Richtung des Parametereinflusses zeigt das Vorzeichen des Mittelwerts der Elementareffekte $\mathrm{sgn}\,(\mu_{i,k})$ an. Daher werden beide Indizes gemäß Gl. 5.3 zu einem neuen Sensitivitätsmaß $\mu_{\mathrm{norm},i,k}^*$ kombiniert. Weiterhin erfolgt die Normierung auf den Mittelwert des untersuchten objektiven Kriteriums, um die Vergleichbarkeit der Sensitivitäten bezüglich verschiedener Kriterien zu gewährleisten.

$$\mu_{\mathrm{norm},i,k}^* = \frac{\mathrm{sgn}\,(\mu_{i,k})\; \mu_{i,k}^*}{\left| \frac{1}{N_\mathrm{T}} \sum_{j=1}^{N_\mathrm{T}} K_k\left(\boldsymbol{X}^j\right) \right|} \qquad \text{Gl. 5.3}$$

Ergebnis der Sensitivitätsanalyse ist eine Matrix der Dimension $N \times N_\mathrm{K}$, welche die Werte von $\mu_{\mathrm{norm},i,k}^*$ der N Funktionsparameter bezüglich der N_K objektiven Kriterien der Fahrdynamik beinhaltet. Für die Anwendung zur Applikation einer Fahrdynamikfunktion erfolgt eine Umsortierung der Reihen und Spalten der Matrix. Ziel der Umsortierung ist eine Vorzugsreihenfolge für eine möglichst wechselwirkungsfreie Applikation der Parameter P. Im ersten Schritt werden dazu die Parameter (Zeilen der Matrix) nach abnehmendem Betrag der gemittelten Sensitivität hinsichtlich der Kriterien K sortiert. Im zweiten Schritt erfolgt die Neuanordnung der Spalten der Matrix so, dass die Summe der Absolutbeträge der Elemente unterhalb der Hauptdiagonale ein Minimum annimmt. Beide Verfahrensschritte sind beispielhaft in Abbildung 5.2 gezeigt.

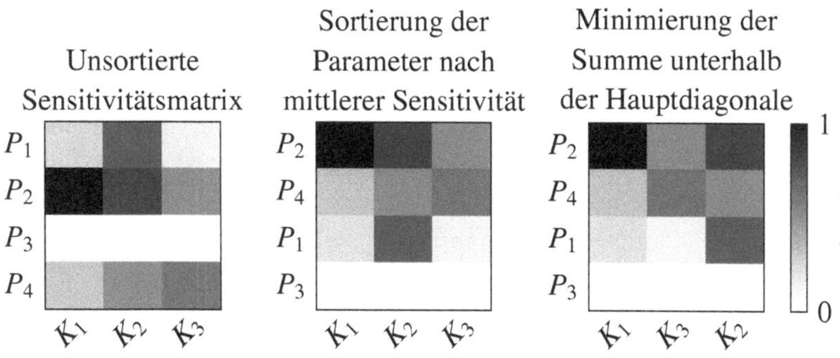

Abbildung 5.2: Sortierung der Sensitivitätsmatrix zur Generierung einer Vorzugsreihenfolge für die Applikation

Die Anwendung der sortierten Sensitivitätsmatrix im Rahmen der Funktionsapplikation ist nachfolgend beschrieben. Die Applikation der Parameter der Fahrdynamikfunktion erfolgt gemäß der in der Matrix angegebenen Reihenfolge von oben nach unten. Mit dem Parameter in Zeile i werden die objektiven Kriterien eingestellt, auf die der Parameter eine hohe Sensitivität aufweist. Dem objektiven Kriterium in der Spalte $k = i$ kommt dabei eine besondere Bedeutung zu. Aufgrund der speziellen Anordnung der Parameter und Kriterien ist das Kriterium in Spalte k mit den auf den Parameter in Zeile i folgenden Parametern i. d. R. nur wenig bis gar nicht beeinflussbar. Daher sollte mit der Einstellung des Parameters in Zeile i die Zielerreichung hinsichtlich des objektiven Kriteriums in Spalte k sichergestellt werden. Das Kriterium in Spalte k muss im Idealfall bei den nachfolgenden Parametereinstellungen nicht mehr berücksichtigt werden. Folglich nimmt die Anzahl an einzustellenden Kriterien fortlaufend im Applikationsprozess nach Vorzugsreihenfolge ab. Auf diese

Weise wird eine möglichst wechselwirkungsfreie und effiziente Applikation aller Funktionsparameter ermöglicht.

5.4 Methode zur virtuellen Fahrdynamikapplikation

Die Identifikation geeigneter Parameterwerte einer Fahrdynamikfunktion zur Erreichung von Fahrdynamikzielen erfordert fundierte Kenntnisse zur Wechselwirkung zwischen Funktion und Fahrzeug. Entsprechende Kenntnisse werden häufig durch Fahrversuche mit physischen Prototypen in einem iterativen Prozess aufgebaut. Dieses Vorgehen ist u. a. bei der Einführung neuer Funktionsumfänge mit hohem zeitlichem und finanziellem Aufwand verbunden. Potential zur Effizienzsteigerung bieten simulationsbasierte Applikationsverfahren. Nachfolgend ist ein entsprechendes Verfahren für die virtuelle Vorapplikation von Fahrdynamikfunktionen vorgestellt.

Das simulationsbasierte Applikationsverfahren ist gemäß den in Unterkapitel 5.1 definierten Anforderungen konzipiert und nutzt die Simulationsumgebung aus Kapitel 5.2. Anwendungsfokus ist die erstmalige Applikation von Fahrdynamikfunktionen im Rahmen des Fahrzeugentwicklungsprozesses. Dazu konzentriert sich das Verfahren auf standardisierte Open-loop-Manöver. Die Ergebnisse des Verfahrens sollen als Ausgangsbasis für die Feinjustierung der Parameterwerte im Rahmen der nachgelagerten versuchsbasierten Fahrdynamikapplikation dienen. Abbildung 5.3 zeigt den Ablauf des Applikationsverfahrens. Die Verfahrensschritte sind nachfolgend erläutert.

Eingangsgrößen des Applikationsverfahrens sind die objektiven Fahrdynamikziele des Gesamtfahrzeugs sowie die zu applizierenden Funktionsparameter inklusive der zugehörigen zulässigen Wertebereiche. Zu Beginn des Verfahrens werden den N Funktionsparametern die im Rahmen der Funktionsentwicklung definierten Basiswerte zugewiesen. Mit den zulässigen Wertebereichen werden Einschränkungen des Variationsbereichs der Funktionsparameter, z. B. aus Gründen des Bauteilschutzes, berücksichtigt. Die Wertebereiche aller zu applizierender Funktionsparameter ergeben einen N-dimensionalen Parameterraum.

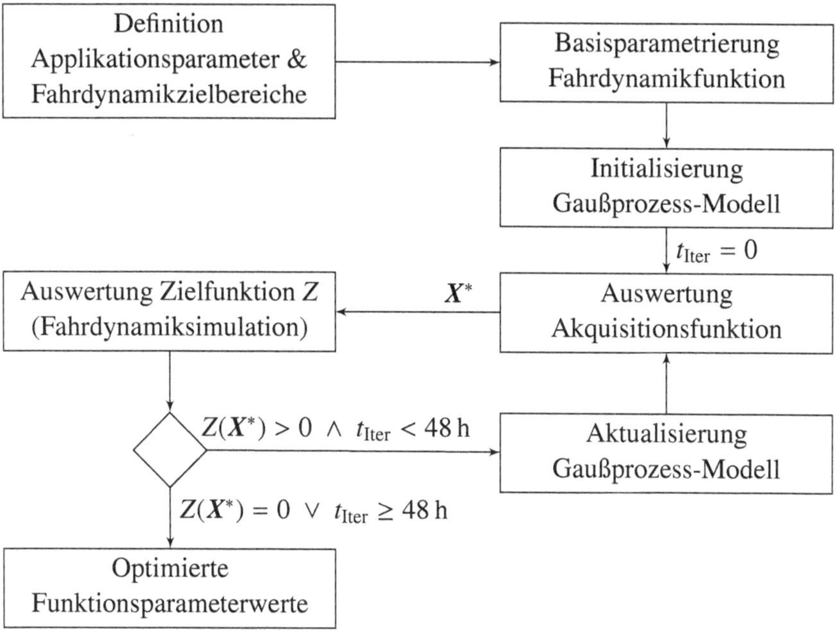

Abbildung 5.3: Ablauf des simulationsbasierten Applikationsverfahrens

Die Identifikation geeigneter Funktionsparameterwerte basiert auf einer Optimierung. Die Zielfunktion der Optimierung $Z(\boldsymbol{X})$ ist definiert als Summe der quadrierten bezogenen Differenzen der Werte der objektiven Kriterien K_k eines Parametersets $\boldsymbol{X}$ zum Mittelwert der Zielbereiche $\overline{\boldsymbol{ZB}}_k$ bezüglich aller N_{K} Kriterien. Zur Gleichgewichtung aller Kriterien und Ziele erfolgt die Normierung der Differenzen auf die Breite des jeweiligen Zielbereichs $\text{MAX}(\boldsymbol{ZB}_k) - \text{MIN}(\boldsymbol{ZB}_k)$. Die Werte der objektiven Kriterien eines Parametersets $K_k(\boldsymbol{X})$ werden auf Basis von Fahrdynamiksimulationen mit den Werten $\boldsymbol{X}$ der Applikationsparameter ermittelt. Die mathematische Definition der Zielfunktion zeigt Gl. 5.4.

$$Z(\boldsymbol{X}) = \sum_{k=1}^{N_{\text{K}}} \left(\frac{K_k(\boldsymbol{X}) - \overline{\boldsymbol{ZB}}_k}{\text{MAX}(\boldsymbol{ZB}_k) - \text{MIN}(\boldsymbol{ZB}_k)} \right)^2 \qquad \text{Gl. 5.4}$$

Die Auswertung der Zielfunktion im N-dimensionalen Parameterraum erfolgt mittels der Bayes'sche Optimierung (BO). Die BO ist ein globales, iteratives und modellbasiertes Optimierungsverfahren, dass für die Auswertung rechenintensiver Zielfunktionen konzipiert ist [58, 159, 162]. Integraler Bestandteil des Verfahrens ist ein probabilistisches Modell der Zielfunktion, welches zu Beginn parametriert und im Optimierungsprozess fortlaufend aktualisiert wird [58, 159, 162]. In dieser Arbeit wird hierfür ein Gaußprozess-Modell verwendet [132]. Für die initiale Parametrierung des Modells erfolgt die Auswertung der Zielfunktion an zufällig ausgewählten Punkten des Parameterraums. Alternativ können Simulationsergebnisse einer vorangegangenen Analyse genutzt werden. Im Rahmen dieser Arbeit erfolgt die initiale Parametrierung auf Basis der Simulationsergebnisse der Sensitivitätsanalyse gemäß Kapitel 5.3. Auf diese Weise werden vorhandene Simulationsergebnisse effizient wiederverwendet und dadurch der Zeitbedarf für die virtuelle Applikation reduziert.

Das probabilistische Modell ist die Grundlage für eine Akquisitionsfunktion, auf Basis derer die Auswahl eines oder mehrerer Parametersets $\boldsymbol{X}^*$ für die Auswertung der Zielfunktion im nachfolgenden Optimierungsschritt erfolgt. Die verwendete Akquisitionsfunktion nach Bull sorgt dafür, dass stets Parametersets mit der höchsten zu erwartenden Verbesserung des Zielfunktionswerts ausgewählt werden [27]. Die Auswertung der Akquisitionsfunktion benötigt i. d. R. deutlich weniger Rechenleistung als die der Zielfunktion [58, 159]. Somit erhöht die Vorauswahl der auszuwertenden Parametersets mittels der Akquisitionsfunktion tendenziell die Konvergenzrate der Optimierung [58]. Als Abbruchkriterium der Optimierung ist eine maximale Dauer von $t_{\text{Iter}} = 48\,\text{h}$ definiert. Weiterhin endet die Optimierung, wenn $Z(\boldsymbol{X}) = 0$ ist.

Ergebnis der Optimierung und damit des simulationsbasierten Applikationsverfahrens sind optimierte Werte der zu applizierenden Funktionsparameter. Mit den identifizierten Funktionsparameterwerten erreicht das Gesamtfahrzeug die definierten Fahrdynamikzielbereiche oder nähert sich diesen bestmöglich an. Die optimierten Parameterwerte, die i. d. R. für ein oder mehrere Manöver bei idealen Bedingungen ermittelt werden, dienen als Grundlage für die anschließende versuchsbasierte Funktionsapplikation mit physischen Prototypen.

6 Methodenanwendung zur Entwicklung der Fahrdynamik bei angetriebener Kurvenfahrt

In diesem Kapitel erfolgt die exemplarische Anwendung der Methoden aus den Kapiteln 3, 4 und 5 zur Entwicklung einer Fahrzeugplattform für elektrische SUV und eines darauf basierenden sportlichen Derivats hinsichtlich der Fahrdynamik bei angetriebener Kurvenfahrt. Wesentliche Informationen zum Beispielfahrzeugprojekt sind in Abschnitt A.8 des Anhangs aufgeführt. Als Ausgangspunkt der Entwicklung werden Fahrdynamikziele auf Basis der in Kapitel 3 vorgestellten Kriterien definiert. Darauf aufbauend erfolgt die Auslegung der Systeme Fahrwerk und Antrieb mit dem Verfahren aus Kapitel 4. Zuletzt werden die Methoden aus Kapitel 5 zur virtuellen Applikation des Torque Vectorings (TV) des sportlichen Derivats angewandt. Aus Gründen der Übersichtlichkeit sind Abbildungen, die sich ausschließlich auf das Manöver PONC7560 beziehen, im Abschnitt A.9 des Anhangs aufgeführt.

6.1 Definition objektiver Fahrdynamikziele

Die Definition der Ziele hinsichtlich der Fahrdynamik bei angetriebener Kurvenfahrt erfolgt auf Basis der objektiven Kriterien K_{KF}, K_{FS}, K_{EV} und K_{TR} aus Tabelle 3.9. Für jedes Kriterium wird jeweils ein Zielbereich für die Geschwindigkeitsintervalle $[v_{\mathrm{h},0} \ldots v_{\mathrm{h},0} + 10\,\mathrm{km/h}]$ und $[v_{\mathrm{h},0} \ldots v_{\mathrm{h},0} + 20\,\mathrm{km/h}]$ definiert. Zu diesen Intervallen gehörende Werte sind nachfolgend mit den Indizes *v10* bzw. *v20* gekennzeichnet. Weiterhin erfolgt eine Unterscheidung von Zielen der SUV-Plattform und des sportlichen Derivats der oberen Mittelklasse.

Für die Zielbereichsdefinition werden 28 Fahrzeuge von Wettbewerbern und 40 herstellereigene Fahrzeuge hinsichtlich der Fahrdynamikkriterien K_{KF}, K_{FS}, K_{EV} und K_{TR} analysiert. Die zugehörigen Werte für das Manöver PONC4040 sind in Abbildung 6.1 und für das PONC7560 in Abbildung A9.1 dargestellt. Für fünf Fahrzeuge existieren lediglich Werte für die Fahrdynamikkriterien des Manövers PONC4040. Die Klassifizierung der Fahrzeuge erfolgt gemäß der

J. Raabe, *Methoden zur durchgängigen virtuellen Eigenschaftsentwicklung von Fahrzeugen hinsichtlich kombinierter Längs- und Querdynamik*,
Wissenschaftliche Reihe Fahrzeugtechnik Universität Stuttgart,
https://doi.org/10.1007/978-3-658-50210-2_6

Richtlinie EEC 4064/89 der europäischen Kommission [33]. Für eine bessere Differenzierung des SUV-Segments wird eine Unterteilung in die Segmente Mittelklasse-SUV, Obere Mittelklasse-SUV sowie Oberklasse-SUV entsprechend Fahrzeugmaßen, Leergewicht und Ausstattungsmerkmalen vorgenommen. Die Zielbereichsdefinition erfolgt unter Berücksichtigung der nachfolgend erläuterten allgemeinen und herstellerspezifischen Anforderungen. Die resultierenden Zielbereiche sind ebenfalls in den Abbildungen 6.1 und A9.1 gezeigt.

Beim Beschleunigen aus der Kurvenfahrt sollen Fahrzeuge der auszulegenden Plattform gemäß der Herstellerphilosophie eine geringe Pfadabweichung aufweisen. Folglich werden Werte des Kursführungskriteriums K_{KF} nahe eins angestrebt. Die untere Zielbereichsgrenze für die Fahrzeugplattform orientiert sich am Mittelwert des Wettbewerbsumfelds für obere Mittelklasse-SUV. Für das sportliche Derivat werden Klassenbestwerte angestrebt.

Zur Gewährleistung der Beherrschbarkeit des Fahrzeugs für Normalfahrer werden obere Grenzwerte für das Kriterium K_{FS} definiert. Die obere Zielbereichsgrenze orientiert sich an Fahrzeugen, die von Testingenieuren hinsichtlich der Fahrstabilität als akzeptabel eingestuft sind. Es werden keine Klassenbestwerte hinsichtlich der Fahrstabilität angestrebt, um die Entwicklung von agilen Derivaten auf Basis der Fahrzeugplattform zu ermöglichen. Da eine Verringerung von K_{FS} mit einer Erhöhung der Fahrstabilität korreliert, wird als Zielbereichsuntergrenze standardmäßig der minimal mögliche Wert null gewählt. Für das sportliche Derivat werden Werte des Kriteriums K_{FS} im mittleren Bereich des Wettbewerbsumfelds der oberen Mittelklasse-SUV angestrebt.

Die Plattform-Zielbereiche für das Eigenlenkverhalten sind vergleichsweise schmal, um eine gezielte Differenzierung gegenüber Wettbewerbern zu erreichen. Im Bereich mittlerer Querbeschleunigungen, repräsentiert durch das Manöver PONC4040, ist das Ziel ein neutrales bis leicht untersteuerndes Eigenlenkverhalten beim Beschleunigen. Ein derartiges Fahrverhalten ist für Normalfahrer i. d. R. gut beherrschbar und daher für den üblicherweise auf öffentlichen Straßen genutzten Querbeschleunigungsbereich anzustreben. Eigenschaftsziel im Bereich höherer Querbeschleunigungen, repräsentiert durch das Manöver PONC7560, ist ein betont sportliches, leicht übersteuerndes Eigenlenkverhalten beim Beschleunigen. Für das sportliche Derivat wird eine geringfügig höhere Übersteuertendenz als für die meisten anderen Fahrzeuge der Plattform ange-

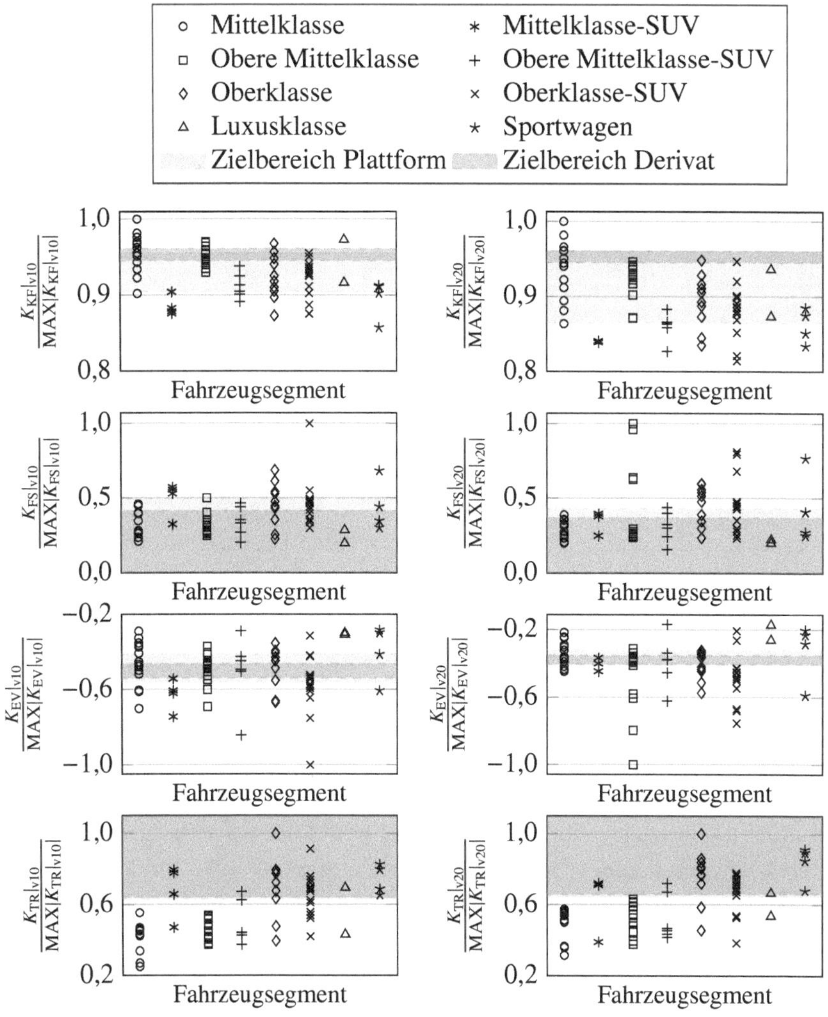

Abbildung 6.1: Zielbereiche der zu entwickelnden Fahrzeugplattform und des sportlichen Derivats (Manöver PONC4040)

strebt. Die Zielbereichsdefinition orientiert sich hierbei an sportlichen SUV der oberen Mittelklasse mit niedrigen Werten des Kennwerts K_{EV}.

Für die elektrischen SUV der Plattform wird eine gute bis sehr gute Traktion, bezogen auf das Wettbewerbsumfeld, angestrebt. Die untere Grenze des Zielbereichs orientiert sich an Fahrzeugen mit den höchsten Werten des Kriteriums K_{TR} im Segment Obere Mittelklasse-SUV. Da eine Erhöhung der Traktion im Allgemeinen erstrebenswert ist, wird die obere Zielbereichsgrenze oberhalb der Werte aller Fahrzeuge im Wettbewerbsumfeld positioniert. Die untere Zielbereichsgrenze für das sportliche Derivat liegt geringfügig höher als die Zielbereichsuntergrenze der Plattform.

6.2 Eigenschaftsauslegung von Fahrwerk und Antrieb

In diesem Kapitel erfolgt die simulationsbasierte Auslegung von Fahrwerk und Antrieb der Fahrzeugplattform hinsichtlich der Fahrdynamik bei angetriebener Kurvenfahrt. Im ersten Schritt werden relevante Eigenschaften der Systeme identifiziert. Im Anschluss daran erfolgt die Ermittlung von Zielbereichen für die relevanten Eigenschaften.

6.2.1 Identifikation relevanter Eigenschaften

Für die Auslegung der Fahrzeugplattform hinsichtlich der objektiven Fahrdynamikziele werden zunächst relevante Subsystem- bzw. Komponenteneigenschaften identifiziert. Hierzu wird das in Kapitel 4.3 vorgestellte Sensitivitätsanalyseverfahren angewandt. Die Analyse umfasst $N = 93$ Modellparameter, die typischerweise für die Fahrdynamikauslegung von Bedeutung sind. Aufgrund der Fahrgeschwindigkeiten unterhalb von 80 km/h in den Manövern PONC4040 und PONC7560 ist von einem geringen Einfluss der Aerodynamik auszugehen [72]. Daher sind Aerodynamikparameter von der Untersuchung ausgeschlossen. Weiterhin werden die Systemleistung und das Systemdrehmoment des Fahrzeugs in einem Parameter zusammengefasst, da diese Größen i. d. R. stark korreliert sind [9]. Alle untersuchten Parameter inklusive der Variationsbereiche sind in Tabelle A5.1 im Anhang aufgeführt. Im Rahmen der Sensitivitätsanalyse (SA) werden Sensitivitäten hinsichtlich der objektiven Kriterien K_{KF}, K_{FS}, K_{EV} und K_{TR} ausgewertet.

Gemäß dem in Kapitel 4.3 vorgestellten Verfahren werden Parametersensitivitäten bezüglich mehrerer Basisfahrzeuge analysiert. Die Auswahl umfasst drei Fahrzeuge, die sich hinsichtlich Achs- und Antriebskonzept sowie der Masse- und Trägheitseigenschaften deutlich unterscheiden. Wesentliche Eigenschaften der Fahrzeuge sind in den Tabellen A7.1, A7.2 und A7.3 aufgeführt. Der Versuchsplan für ein Basisfahrzeug umfasst 600 Trajektorien. Das Verfahren ist damit auf üblichen Computern innerhalb einer Woche durchführbar.

In den Abbildungen 6.2 und A9.2 sind die einflussreichsten Fahrzeugparameter und deren Sensitivität hinsichtlich der untersuchten objektiven Bewertungskriterien dargestellt. Für die Darstellung werden die Totaleffekte der Parameter entsprechend dem Vorgehen von Braunholz skaliert, um die Vergleichbarkeit bezüglich verschiedener objektiver Kriterien zu gewährleisten [25]. Die Abbildungen 6.2 und A9.2 zeigen die Mittelwerte der skalierten Totaleffekte $S_{\mathrm{T}i,\mathrm{skal}}$ aller Basisfahrzeuge. Zur besseren Visualisierung geringer Werte wird eine logarithmische Skala verwendet. Die Auswirkungen der einflussreichsten Fahrzeugparameter auf die Fahrdynamik sind nachfolgend erläutert.

Beim Beschleunigen aus der Kurvenfahrt erzeugen die am Fahrzeugschwerpunkt angreifenden Längs- und Querkräfte mit dem vertikalen Abstand zu Nickpol bzw. der Wankachse Momente um die Längs- und Querachse des Fahrzeugs [106, 170]. Daraus resultieren Nick- und Wankbewegungen des Fahrzeugaufbaus sowie eine Radlastverlagerung. Folglich führt eine Erhöhung der Schwerpunkthöhe z_{SP} i. d. R. zu einer Verstärkung der Nick- und Wankamplitude des Aufbaus sowie zu einer stärkeren Radlastverlagerung. Aufgrund des degressiven Zusammenhangs zwischen Reifenseitenkraft und Radlast führen zunehmende Radlastunterschiede zu einer Verringerung des Seitenkraftpotentials der Achsen [115]. Daraus resultiert eine Erhöhung der Achsschräglaufwinkel und eine Abnahme der maximalen Querbeschleunigung. Diese Auswirkungen sind anhand der Kennwerte K_{KF} und K_{EV} beobachtbar. Weiterhin führt eine zunehmende Entlastung der Vorderachse zu erhöhtem Schlupf und höheren Drehzahlen der Vorderräder. Folglich sinkt das Längskraftpotential der Achse und die elektrischen Antriebsmaschinen erreichen bereits bei geringerer Fahrgeschwindigkeit den Bereich der Feldschwächung.

Die Fahrzeugmasse m_{F} weist eine signifikante Sensitivität auf alle untersuchten objektiven Kriterien auf. Die Masse des Fahrzeugs bestimmt die Höhe

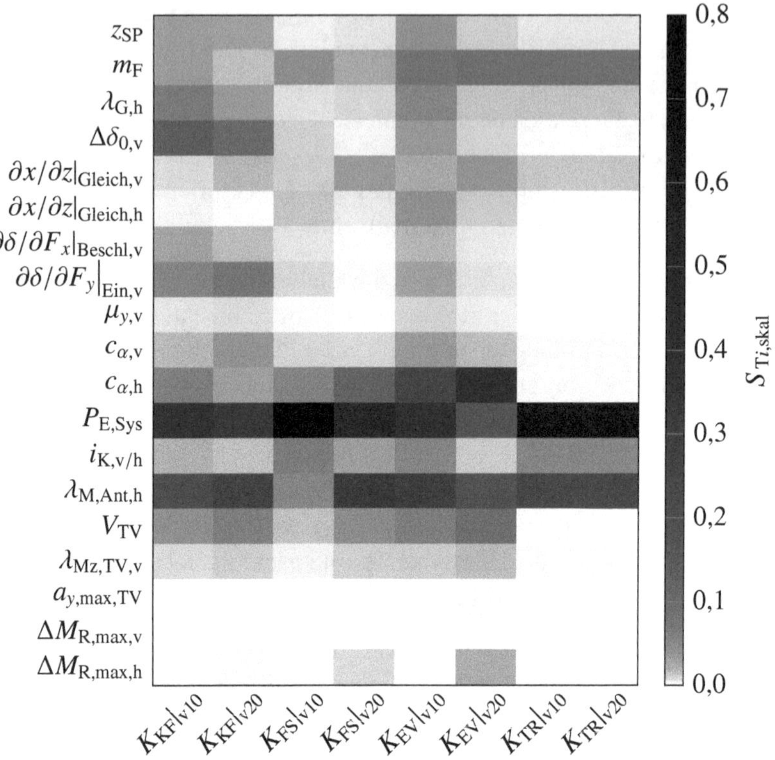

Abbildung 6.2: Mittlere Totaleffekte der einflussreichsten Fahrzeugparameter im Manöver PONC4040

des Beschleunigungswiderstands und hat damit direkte Auswirkungen auf die Längsbeschleunigung. Zudem steigt mit zunehmender Masse die bei Kurvenfahrt auftretende Zentrifugalkraft. Dieser Anstieg der Trägheitskraft muss durch erhöhte Reifenseitenkräfte kompensiert werden, was bei gleichbleibenden Schräglaufsteifigkeiten zur Erhöhung der Reifen- bzw. Achsschräglaufwinkel führt. Weiterhin sinkt aufgrund des degressiven Zusammenhangs zwischen Reifenseitenkraft und Radlast die maximale Querbeschleunigung des Fahrzeugs mit zunehmender Masse [106].

Die longitudinale Verteilung der Fahrzeugmasse hat ebenfalls einen signifikanten Einfluss auf die Fahrdynamik, v. a. auf die Kursführung und das Eigenlenkverhalten. Gemäß linearem Einspurmodell (ESM) führt eine Erhöhung der bezogenen Hinterachslast $\lambda_{\mathrm{G,h}}$ zur Verstärkung der Übersteuertendenz [115]. Weiterhin erhöht eine Zunahme der statischen Last der Antriebsachse das Längskraftpotential des Fahrzeugs und damit die Traktion.

Der Spurwinkel der Vorderachse hat einen signifikanten Einfluss auf die Kennwerte K_{KF} und K_{EV}, wie die Sensitivitäten des statischen Spurwinkels $\Delta\delta_{0,\mathrm{v}}$ sowie der Achskennlinien $\partial\delta/\partial F_x|_{\mathrm{Beschl,v}}$ und $\partial\delta/\partial F_y|_{\mathrm{Ein,v}}$ zeigen. Eine Vorspur erhöht den Lenkwinkel am kurvenäußeren Rad und verringert den Lenkwinkel kurveninnen. Bei Kurvenfahrt resultiert durch die höhere Radlast am kurvenäußeren Rad ein Seitenkraftanstieg, der höher ist als die Seitenkraftreduktion am kurveninneren Rad [106]. Dadurch steigt die mittlere Querbeschleunigung des Fahrzeugs im PONC-Manöver an. Bei einer Nachspur ergibt sich der entgegensetzte Effekt. Weiterhin werden bei einer Vorspureinstellung geringere Achsschräglaufwinkel zum Aufbau der gleichen Querbeschleunigung als bei einer Nachspureinstellung benötigt. Folglich ist der Fahrzeugschwimmwinkel mit Vorspur an der Vorderachse tendenziell geringer als bei einer Nachspureinstellung bei gleicher Querbeschleunigung. Die Auswirkungen der Veränderung des statischen Spurwinkels auf die Querbeschleunigung und den Fahrzeugschwimmwinkel im Manöver PONC4040 zeigt Abbildung 6.3. In Abbildung 6.3 ist das Fahrverhalten der Basisfahrzeuge 1 und 3 mit maximalem und minimalem Wert des statischen Spurwinkels $\Delta\delta_{0,\mathrm{v}}$ der SA dargestellt. Die Spureinstellung $\Delta\delta_{0,\mathrm{v,max}}$ entspricht einer Vorspur und $\Delta\delta_{0,\mathrm{v,min}}$ einer Nachspur.

Die Kennlinien der Schrägfederung an Vorder- und Hinterachse $\partial x/\partial z|_{\mathrm{Gleich,v}}$ und $\partial x/\partial z|_{\mathrm{Gleich,h}}$ definieren die Höhe des Nickpols der Achsen und der Reaktionskräfte, die dem Nicken des Aufbaus beim Beschleunigen und Bremsen entgegenwirken [170]. Durch die Variation der Kennlinien wird folglich das Nickverhalten und die Radlastverlagerung zwischen den Achsen beeinflusst. Über die Radlast haben die Kennlinien einen Einfluss auf das kombinierte Reibkraftpotential der Achsen. Weiterhin beeinflusst die Schrägfederung die Nachlaufänderung beim Ein- und Ausfedern der Räder [170]. Aufgrund der genannten Effekte ergeben sich Auswirkungen auf die Querbeschleunigung und das Eigenlenkverhalten, die anhand der Kennwerte K_{KF} und K_{EV} beob-

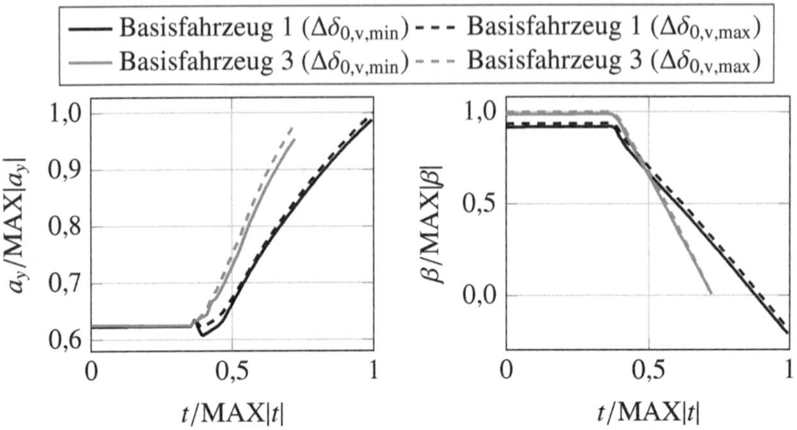

Abbildung 6.3: Variation des statischen Spurwinkels der Vorderachse $\Delta\delta_{0,v}$ im Manöver PONC4040

achtbar sind. Weiterhin ist ein geringer Einfluss auf die Längsbeschleunigung erkennbar.

Der laterale Reibungskoeffizient der Vorderreifen $\mu_{y,v}$ bestimmt maßgeblich das maximale Seitenkraftpotential der Vorderachse. Die Skalierung dieses Parameters im verwendeten Magic Formula Tire-Modell führt zusätzlich zu einer Skalierung der Nullseitenkraft der Reifen. Die Veränderung von $\mu_{y,v}$ wirkt sich folglich auf die Querbeschleunigung bei angetriebener Kurvenfahrt und den Kennwert K_{KF} aus. Weiterhin ergeben sich Auswirkungen auf den Fahrzeugschwimmwinkel, da die Nullseitenkraft und das maximale Seitenkraftpotential den zur Kursführung erforderlichen Schräglaufwinkel beeinflussen.

Die Schräglaufsteifigkeiten der Vorder- und Hinterreifen $c_{\alpha,v/h}$ weisen eine signifikante Sensitivität hinsichtlich der objektiven Kriterien K_{KF}, K_{FS} und K_{EV} auf. In Übereinstimmung mit der Theorie des linearen ESM hat die Variation der Reifenschräglaufsteifigkeiten einen Einfluss auf das Steuerverhalten und damit u. a. auf die Querbeschleunigung und den Fahrzeugschwimmwinkel [115]. Auffällig ist v. a. der hohe Einfluss der Schräglaufsteifigkeit der Hinterreifen auf den Fahrzeugschwimmwinkel und dessen Änderungsrate im Manöver PONC4040.

Die höchste mittlere Sensitivität aller untersuchter Fahrzeugparameter weist die Systemleistung $P_{E,Sys}$ auf. Mit der Variation der Systemleistung ist eine proportionale Skalierung des Systemdrehmoments verbunden, wie zu Beginn des Kapitels erläutert. Beide Parameter wirken sich vorrangig auf die Längskräfte und die daraus resultierende Längsbeschleunigung des Fahrzeugs aus. Damit verbunden sind Auswirkungen auf weitere Fahrdynamikgrößen wie z. B. Querbeschleunigung, Nickwinkel und Fahrzeugschwimmwinkel.

Ein weiterer sehr bedeutsamer Fahrzeugparameter für die Fahrdynamik bei angetriebener Kurvenfahrt ist die Antriebsmomentverteilung (AMV) zwischen der Vorder- und Hinterachse $\lambda_{M,Ant,h}$. Dieser Parameter hat auf alle untersuchten Fahrdynamikkriterien einen signifikanten Einfluss. Beim Beschleunigen des Fahrzeugs tritt eine Erhöhung der Radlast an der Hinterachse und eine Radlastverringerung an der Vorderachse auf. Entsprechend verändern sich die kombinierten Reibkraftpotentiale der Achsen [115]. Fahrzeuge mit einer hecklastigen AMV nutzen die Reibkraftpotentiale beim Beschleunigen effektiver und können dadurch tendenziell höhere Längskräfte absetzen als Fahrzeuge mit einer frontlastigen Verteilung. Der aus den höheren Längskräften resultierende Anstieg der Längsbeschleunigung erhöht die Radlastdifferenzen zwischen den Achsen und führt so zur Verstärkung der genannten Effekte. Gemäß der Theorie des Kamm'schen Kreises ist das kombinierte Reibkraftpotential eines Reifens limitiert [106]. Daher beeinflusst die AMV $\lambda_{M,Ant,h}$ indirekt das Seitenkraftpotential der Achsen mit entsprechenden Auswirkungen u. a. auf Querbeschleunigung und Fahrzeugschwimmwinkel. Bei einer stark front- oder hecklastigen AMV und hoher Antriebsleistung führt dies zum Einbruch des Seitenkraftpotentials und dem Rutschen der jeweiligen Achse. Die Folge ist ein deutlich über- bzw. untersteuerndes Fahrverhalten. Diese Auswirkungen auf die Fahrdynamik zeigen die Verläufe der Längsbeschleunigung und des Fahrzeugschwimmwinkels im Manöver PONC4040 in Abbildung 6.4. Die Abbildung stellt das Fahrverhalten der Basisfahrzeuge 2 und 3 mit der frontlastigsten $\lambda_{M,Ant,h,min}$ und der hecklastigsten $\lambda_{M,Ant,h,max}$ AMV in der SA dar.

Eine Erhöhung des Übersetzungsverhältnisses der Achsgetriebe an Vorder- und Hinterachse $i_{K,v/h}$ führt zur Steigerung des Antriebsmoments am Rad und der daraus resultierenden Längskräfte. Dadurch sind v. a. zu Beginn des PONC-Manövers höhere Längsbeschleunigungen erzielbar. Gleichzeitig führt eine Erhöhung von $i_{K,v/h}$ zu einer Zunahme der Motordrehzahl bei gleichbleiben-

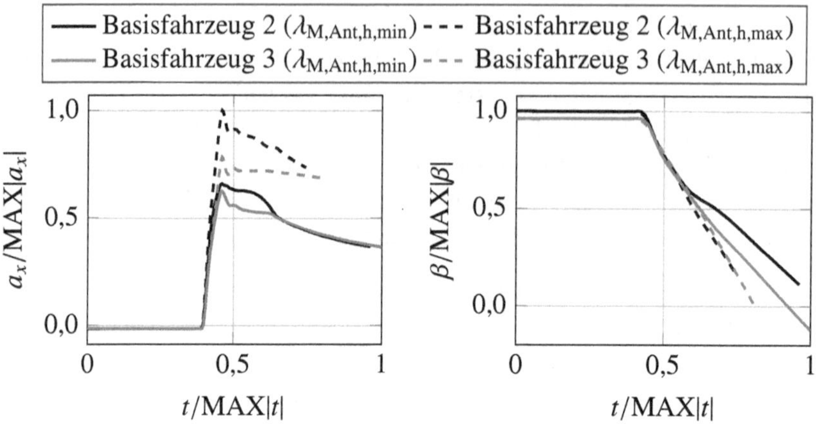

Abbildung 6.4: Variation der Antriebsmomentverteilung zwischen Vorder- und Hinterachse $\lambda_{M,Ant,h}$ im Manöver PONC4040

der Fahrgeschwindigkeit. Dadurch wird der Bereich der Feldschwächung der elektrischen Maschinen bereits bei geringeren Fahrgeschwindigkeiten erreicht.

Das TV prägt dem Fahrzeug bei Kurvenfahrt ein zusätzliches Giermoment auf und beeinflusst damit das Gierverhalten sowie indirekt weitere Fahrdynamikgrößen. Dieses Moment wird durch eine Antriebsmomentdifferenz zwischen den Rädern einer Achse hervorgerufen. Die Proportionalverstärkung des TV-Konzeptreglers V_{TV} bestimmt im Produkt mit der Differenz aus Soll- und Ist-Giergeschwindigkeit die Höhe des erzeugten Giermoments. Je höher V_{TV}, desto mehr Giermoment wird zum Ausgleich eines untersteuernden Fahrverhaltens aufgebaut. Entsprechend steigt tendenziell die Querbeschleunigung, der Absolutwert des Fahrzeugschwimmwinkels sowie der Betrag der Schwimmwinkelgeschwindigkeit im PONC-Manöver. Der Parameter $\lambda_{Mz,TV,v}$ bestimmt den Anteil des durch die Antriebsmomentdifferenz an der Vorderachse erzeugten Giermoments am gesamten TV-Giermoment. Die Veränderung des Parameters beeinflusst u. a. die Querbeschleunigung und den Fahrzeugschwimmwinkel. Diese Auswirkungen zeigt Abbildung 6.5 exemplarisch. In dieser Abbildung ist die Querbeschleunigung und der Fahrzeugschwimmwinkel der Basisfahrzeuge 2 und 3 im Manöver PONC7560 dargestellt. Zur Veranschaulichung des Einflusses des TV-Anteils an der Vorderachse ist jeweils das Fahrverhalten mit minimalen und maximalen Wert des Parameters $\lambda_{Mz,TV,v}$ in der SA gezeigt. Es ist zu erkennen, dass der Einfluss des TV-Anteils an der Vorderachse auf die Fahrdynamik vom Basiswert des Parameters und weiteren Fahrzeugparametern abhängig ist. So führt eine Erhöhung von $\lambda_{Mz,TV,v}$ bei Basisfahrzeug 3 zu einer Zunahme der mittleren Querbeschleunigung und einer Verringerung des Fahrzeugschwimmwinkels im Manöver PONC7560. Ursache für diesen agilisierenden Einfluss ist die bessere Ausnutzung der Reibkraftpotentiale der Achsen durch eine gleichmäßigere Verteilung des TV-Moments zwischen den Achsen. Für das Basisfahrzeug 2 ist ein entgegengesetzter Effekt zu beobachten. Ursache hierfür ist u. a. die ausgeglichenere Basis-Verteilung des TV-Anteils zwischen den Achsen des Basisfahrzeugs 2 im Vergleich zu Basisfahrzeug 3.

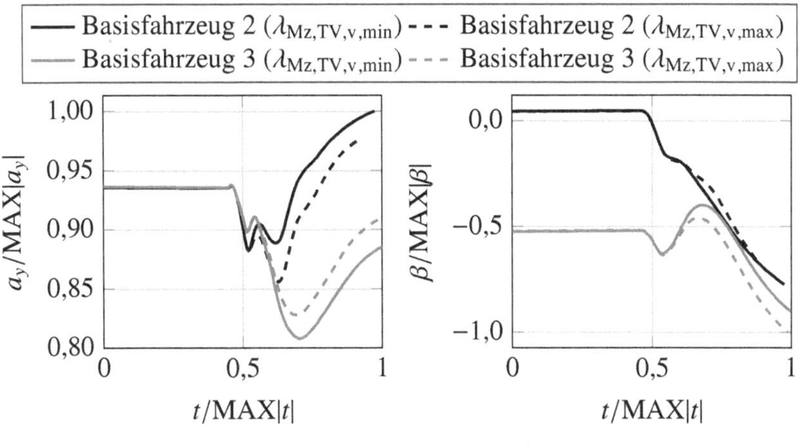

Abbildung 6.5: Variation der TV-Verteilung $\lambda_{Mz,TV,v}$ im Manöver PONC7560

Der Parameter $a_{y,max,TV}$ definiert die obere Querbeschleunigungsgrenze bis zu der das TV-System einem untersteuernden Fahrverhalten entgegenwirkt. Weiterhin wird auf Basis von $a_{y,max,TV}$ die Querbeschleunigung für den Übergang von linearem zu nichtlinearem Soll-Verhalten festgelegt. Die Variation von $a_{y,max,TV}$ hat somit vorrangig Auswirkungen im Bereich hoher Querbeschleunigungen. Die Parameter $\Delta M_{R,max,v}$ und $\Delta M_{R,max,h}$ begrenzen die Antriebsmomentdifferenz an Vorder- bzw. Hinterachse und limitieren das maximale TV-Giermoment.

Die analysierten Fahrzeugparameter haben einen signifikanten Einfluss auf die Fahrdynamikkennwerte K_{KF}, K_{FS}, K_{EV} und K_{TR}. Damit sind diese Parameter relevante Stellgrößen für die Fahrzeugauslegung hinsichtlich der in Kapitel 6.1 definierten Ziele. Allerdings stehen i. d. R. nicht alle dieser Fahrzeugparameter für die Auslegung der Fahrdynamik bei angetriebener Kurvenfahrt zur Verfügung. Konzeptparameter wie die Schwerpunkthöhe z_{SP}, die Fahrzeugmasse m_{F} sowie die statische Achslastverteilung $\lambda_{\mathrm{G,h}}$ haben einen Einfluss auf nahezu alle Bereiche der Fahrdynamik und werden daher zu Beginn der Konzeptentwicklung festgelegt [135, 183]. Weiterhin sind die Systemleistung $P_{\mathrm{E,Sys}}$ und die Achsgetriebeübersetzung $i_{\mathrm{K,v/h}}$ vorrangig durch Ziele der Längsdynamik definiert. Applikationsparameter wie die maximale Querbeschleunigung des TV-Referenzverhaltens $a_{y,\mathrm{max,TV}}$ dienen zur Feinjustierung der Fahrdynamik in späteren Phasen der Fahrzeugentwicklung. Diese Parameter werden daher als unveränderlich angenommen. In Summe stehen somit die 13 in Tabelle 6.1 aufgeführten Fahrzeugparameter für die Auslegung der Fahrzeugplattform hinsichtlich der Fahrdynamik bei angetriebener Kurvenfahrt zur Verfügung.

Tabelle 6.1: Fahrzeugparameter für die Auslegung der Fahrdynamik bei angetriebener Kurvenfahrt

Parameter	**Formelzeichen**
Spureinstellung der Vorderachse	$\Delta\delta_{0,\mathrm{v}}$
Schrägfederung Vorderachse	$\partial x/\partial z\vert_{\mathrm{Gleich,v}}$
Schrägfederung Hinterachse	$\partial x/\partial z\vert_{\mathrm{Gleich,h}}$
Spuränderung durch Längskraft (Antreiben)	$\partial\delta/\partial F_x\vert_{\mathrm{Beschl,v}}$
Spuränderung durch einseitigen Querkrafteinfluss	$\partial\delta/\partial F_y\vert_{\mathrm{Ein,v}}$
Lateraler Reibungskoeffizient Vorderreifen	$\mu_{y,\mathrm{v}}$
Schräglaufsteifigkeit Vorderreifen	$c_{\alpha,\mathrm{v}}$
Schräglaufsteifigkeit Hinterreifen	$c_{\alpha,\mathrm{h}}$
Anteil des Systemdrehmoments an Hinterachse	$\lambda_{\mathrm{M,Ant,h}}$
Proportionalverstärkung TV-Konzeptregler	V_{TV}
Anteil TV-Giermoment an Vorderachse	$\lambda_{\mathrm{Mz,TV,v}}$
Begrenzung TV-Differenzmoment an Vorderachse	$\Delta M_{\mathrm{R,max,v}}$
Begrenzung TV-Differenzmoment an Hinterachse	$\Delta M_{\mathrm{R,max,h}}$

6.2.2 Ableitung von Subsystem- und Komponentenzielen

Nachfolgend ist die Ermittlung von Zielbereichen für die im vorherigen Kapitel identifizierten relevanten Subsystem- und Komponenteneigenschaften beschrieben. Die Zielableitung erfolgt mit den in Kapitel 4.4 vorgestellten Verfahren und basierend auf dem Simulationsmodell aus Kapitel 4.2. Eingangsgrößen des Verfahrens sind die in Kapitel 6.1 definierten Gesamtfahrzeugziele hinsichtlich der Fahrdynamik bei angetriebener Kurvenfahrt. Die zulässigen Variationsbereiche der Auslegungsparameter aus Tabelle 6.1 werden auf Basis von Datenbanken eines Fahrzeugherstellers definiert und repräsentieren übliche Wertebereiche.

Für die Anwendung des zweistufigen Zielableitungsverfahrens ist das Simulationsmodell für das Beispielfahrzeugprojekt entsprechend zu parametrieren. Hierzu werden die Fahrzeugkonzeptdaten aus Tabelle A8.1 sowie weitere Daten verwendet. Weiterhin erfolgt eine Basisparametrierung der Applikationsparameter $v_{\mathrm{ch,TV}}$, $a_{y,\mathrm{lin,TV}}$ und $a_{y,\mathrm{max,TV}}$ auf Grundlage von objektiven Querdynamikzielen sowie Erfahrungswerten. Diese Parameter werden im Zielableitungsverfahren nicht variiert. Die Definition der charakteristischen Geschwindigkeit $v_{\mathrm{ch,TV}}$ erfolgt basierend auf dem Zielwert für den Lenkradwinkelgradient $LWG|_{50}$ bei einer Fahrgeschwindigkeit von $v_{\mathrm{h},0} = 50\,\mathrm{km/h}$ gemäß Gl. 6.1 [106]. Für die Berechnung werden die Lenkübersetzung i_{L} und der Radstand l des Fahrzeugs genutzt. Die maximale Querbeschleunigung des TV-Sollverhaltens $a_{y,\mathrm{max,TV}}$ ist gemäß Gl. 6.2 gleich dem Zielwert für die maximale stationäre Fahrzeugquerbeschleunigung $a_{y,0,\mathrm{max}}$. Auf Basis von Erfahrungswerten wird die obere Querbeschleunigungsgrenze für den linearen Bereich des TV-Sollverhaltens $a_{y,\mathrm{lin,TV}}$ gemäß Gl. 6.3 gewählt.

$$v_{\mathrm{ch,TV}} = v_{\mathrm{h},0}\left(\frac{{v_{\mathrm{h},0}}^2}{i_{\mathrm{L}}\,l} LWG|_{50} - 1\right)^{-\frac{1}{2}} \qquad \text{Gl. 6.1}$$

$$a_{y,\mathrm{max,TV}} = a_{y,0,\mathrm{max}} \qquad \text{Gl. 6.2}$$

$$a_{y,\mathrm{lin,TV}} = 0{,}8 \cdot a_{y,0,\mathrm{max}} \qquad \text{Gl. 6.3}$$

Im ersten Schritt des Zielableitungsverfahrens erfolgt die Identifikation geeigneter Fahrzeugkonfigurationen zur Erreichung der Fahrdynamikziele. Mithilfe des Firefly-Algorithmus (FA) werden 108 geeignete Konfigurationen in 58 Iterationen ermittelt. Jede Konfiguration repräsentiert ein Set an diskreten Werten der 13 Auslegungsparameter. Für die Darstellung in Abbildung 6.6 werden die Parameterwerte X_i der identifizierten Fahrzeugkonfigurationen auf das absolute Maximum der Parametergrenzen normiert. Neben den Parameterwerten aller geeigneten Konfigurationen sind die Parametergrenzen sowie die Werte von zwei ausgewählten Konfigurationen in Abbildung 6.6 dargestellt.

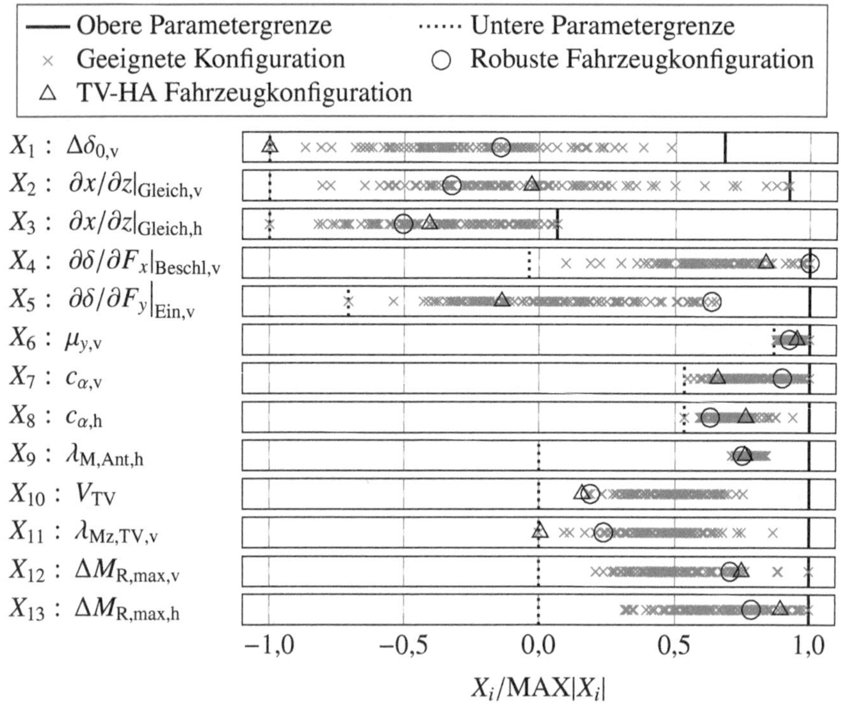

Abbildung 6.6: Ergebnisse des ersten Schritts des Zielableitungsverfahrens

Die Ergebnisse des ersten Schritts des Zielableitungsverfahrens zeigen eine hohe Diversität der identifizierten Fahrzeugkonfigurationen. Die Parameterwerte der geeigneten Konfigurationen decken i. d. R. einen Großteil der Parametervariationsbereiche ab. Die Ergebnisse bestätigen somit die Eignung des verwendeten modifizierten FA für die Identifikation unterschiedlicher Fahrzeugvarianten im Rahmen der Fahrdynamikauslegung. Lediglich für die AMV zwischen der Vorder- und Hinterachse $\lambda_{\mathrm{M,Ant,h}}$ werden geeignete Parameterwerte nur in einem schmalen Bereich des Variationsbereichs identifiziert. Diese Beobachtung ist auf die hohe Sensitivität des Parameters $\lambda_{\mathrm{M,Ant,h}}$ hinsichtlich der Fahrdynamik bei angetriebener Kurvenfahrt zurückzuführen.

Auf Basis der in Abbildung 6.6 dargestellten Ergebnisse erfolgt die Auswahl von zwei Parametersätzen der 13 Auslegungsparameter für die Ermittlung der Parameterzielbereiche. Der erste Parametersatz ist die sogenannte *Robuste Fahrzeugkonfiguration*. Die Werte der objektiven Fahrdynamikkriterien dieser Konfiguration weisen den minimalen summierten Abstand zu den Mittelwerten der Zielbereiche aller geeigneten Fahrzeugkonfigurationen auf. Durch die mittige Lage der Werte innerhalb der Zielbereiche führen kleinere Schwankungen der Fahrzeugeigenschaften i. d. R. nicht zu einer Zielverfehlung. Diese Robustheit ist aufgrund der Unsicherheiten der Konzeptentwicklung erstrebenswert. Als zweiter Parametersatz wird die sogenannte *TV-HA Fahrzeugkonfiguration* ausgewählt. Besonderes Merkmal dieser Konfiguration ist die TV-Verteilung $\lambda_{\mathrm{Mz,TV,v}} = 0$. Demnach erfolgt die Erzeugung des TV-Giermoments ausschließlich an der Hinterachse. Eine derartige Konfiguration ist aus Kostensicht vorteilhaft, da lediglich ein TV-System erforderlich ist.

Im zweiten Schritt des Zielableitungsverfahrens werden auf Basis der diskreten Parameterwerte der ausgewählten Fahrzeugkonfigurationen unabhängige Zielbereiche für die Auslegungsparameter ermittelt. Hierfür stehen die gleichen Parametervariationsbereiche wie im ersten Schritt des Verfahrens zur Verfügung. Für die Ermittlung der Zielbereiche ausgehend von der *TV-HA Fahrzeugkonfiguration* werden die Werte der Parameter $\lambda_{\mathrm{Mz,TV,v}}$ und $\Delta M_{\mathrm{R,max,v}}$ gleich null gesetzt, da die Erzeugung des TV-Giermoments ausschließlich an der Hinterachse erfolgen soll.

Die mithilfe des Solution Space-Algorithmus (SSA) ermittelten Parameterzielbereiche sind in Abbildung 6.7 gezeigt. Für die Darstellung werden die Parameterzielbereiche auf das absolute Maximum der Parametergrenzen normiert. Innerhalb der Zielbereiche sind die Parameterwerte frei und unabhängig von den Werten anderer Parameter wählbar. Für die Ermittlung der Zielbereiche auf Basis der *Robusten Fahrzeugkonfiguration* sind 70 Iterationen notwendig. Für die Zielbereichsermittlung ausgehend von der *TV-HA Fahrzeugkonfiguration* sind 138 Iterationen erforderlich.

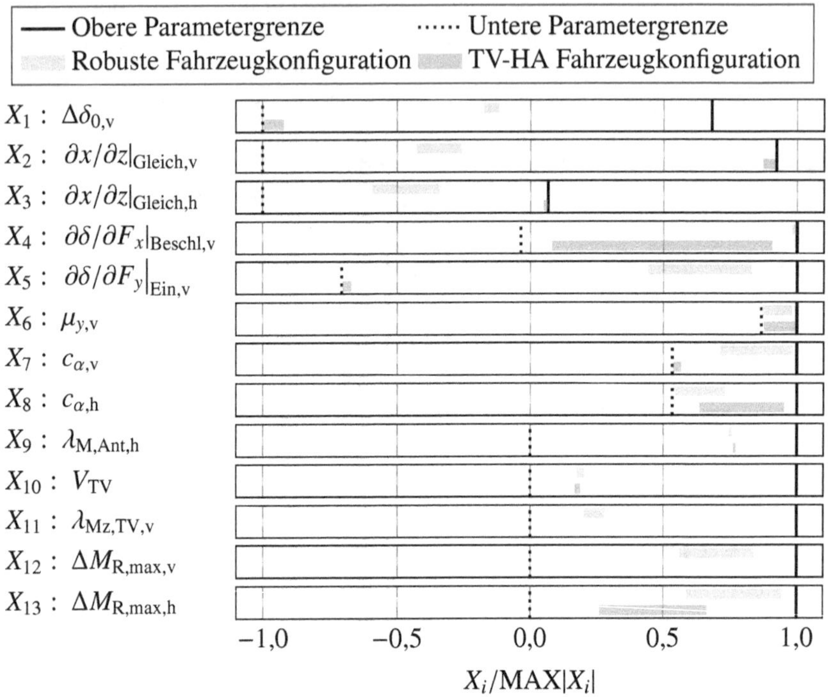

Abbildung 6.7: Ergebnisse des zweiten Schritts des Zielableitungsverfahrens

Die in Abbildung 6.7 dargestellten Zielbereiche der beiden Fahrzeugkonfigurationen unterscheiden sich hinsichtlich Ausdehnung und Lage innerhalb der Parametervariationsbereiche. Bei der *Robusten Fahrzeugkonfiguration* werden die Fahrdynamikziele u. a. durch vergleichsweise hohe TV-Differenzmomente an der Vorder- und Hinterachse erreicht. Das TV-Giermoment erhöht die Agilität des Fahrzeugs und trägt so zur Erreichung der Ziele hinsichtlich der Kursführung und des Eigenlenkverhaltens bei. Weiterhin verbessert sich die Traktion des Fahrzeugs durch die effizientere Ausnutzung der Reifenreibkraftpotentiale bei Kurvenfahrt im Vergleich zu einem Fahrzeug ohne TV. Die *TV-HA Fahrzeugkonfiguration* verfügt lediglich über ein TV-System an der Hinterachse. Das damit erzielbare TV-Giermoment ist aufgrund der Limitierung des Differenzmoments an der Hinterachse geringer als bei der *Robusten Fahrzeugkonfiguration*. Zur Erreichung der Fahrdynamikziele hinsichtlich Kursführung und Eigenlenkverhalten ist daher eine hecklastigere AMV zwischen Vorder- und Hinterachse als bei der *Robusten Fahrzeugkonfiguration* erforderlich. Gleichzeitig ist eine geringere Schräglaufsteifigkeit der Vorderreifen $c_{\alpha,\mathrm{v}}$ und eine höhere Schräglaufsteifigkeit der Hinterreifen $c_{\alpha,\mathrm{h}}$ notwendig, um die Ziele hinsichtlich der Fahrstabilität zu erreichen. Aufgrund der nicht vorhandenen TV-Verteilung an der Vorderachse werden die Reibkraftpotentiale der Vorderreifen nicht vollständig ausgenutzt. Um den resultierenden negativen Effekt auf die Traktion auszugleichen, ist der Vorspurwiderstand durch entsprechende Ziele der Parameter $\Delta\delta_{0,\mathrm{v}}$, $\partial\delta/\partial F_x|_{\mathrm{Beschl,v}}$ und $\partial\delta/\partial F_y\big|_{\mathrm{Ein,v}}$ gering zu gestalten. Weiterhin sorgen die Zielbereiche der linearen Anteile der Schrägfederung $\partial x/\partial z|_{\mathrm{Gleich,v}}$ und $\partial x/\partial z|_{\mathrm{Gleich,h}}$ nahe der oberen Parametergrenze für vergleichsweise hohe Abstützkräfte der Antriebsmomente gegenüber dem Fahrzeugaufbau.

Die Breite der Zielbereiche kann als Maß für die Sensitivität des Parameters hinsichtlich der Fahrdynamik bei angetriebener Kurvenfahrt angesehen werden. Parameter mit einem, bezogen auf die Breite des Variationsbereichs, schmalen Zielbereich weisen eine hohe Sensitivität auf. Hingegen sind Parameter mit einem breitem Zielbereich weniger sensitiv hinsichtlich der untersuchten Fahrdynamikeigenschaften. Die geringe Ausdehnung der Zielbereiche der Parameter $\lambda_{\mathrm{M,Ant,h}}$ und V_{TV} bei beiden Konfigurationen verdeutlicht den hohen Einfluss dieser Parameter auf die Fahrdynamik bei angetriebener Kurvenfahrt. Im Gegensatz dazu nimmt der Zielbereich des lateralen Reibungskoeffizients der Vorderreifen $\mu_{y,\mathrm{v}}$ bei beiden Konfigurationen einen Großteil des Parametervariationsbereichs ein. Folglich weist $\mu_{y,\mathrm{v}}$ eine, bezogen auf die weiteren untersuchten Parameter, geringe Sensitivität auf. Diese Beobachtungen sind damit im Einklang mit den Erkenntnissen der SA in Kapitel 6.2.1.

Weiterhin zeigt Abbildung 6.7, dass die Ausführung des SSA mit verschiedenen Fahrzeugkonfigurationen zu unterschiedlichen Ergebnissen führt. Um alle möglichen Auslegungsvarianten eines Fahrzeugs zu ermitteln, müsste der SSA mit jeder geeigneten Fahrzeugkonfiguration durchgeführt werden. Dies ist allerdings aufgrund begrenzter Rechenkapazität und Zeit i. d. R. im Rahmen der Fahrzeugentwicklung nicht möglich. Daher wird eine Auswahl relevanter

Konfigurationen auf Basis technischer Überlegungen und projektspezifischer Anforderungen gemäß dem beschriebenen Vorgehen empfohlen.

Im Anwendungsbeispiel dieser Arbeit wird die *TV-HA Fahrzeugkonfiguration* aufgrund der genannten Kostenvorteile für die Entwicklung der Fahrzeugplattform ausgewählt. Die Subsystem- bzw. Komponentenziele der Konfiguration dienen als Eingangsgrößen für die Komponentenentwicklung, welche kein Bestandteil dieser Arbeit ist.

6.3 Virtuelle Applikation des Torque Vectorings

In diesem Unterkapitel ist die Anwendung der Methoden aus Kapitel 5 zur virtuellen Applikation der TV-Funktion des sportlichen Derivats der Fahrzeugplattform beschrieben. Zunächst werden relevante Teilfunktionen und Parameter erläutert. Anschließend erfolgt eine Analyse der Zusammenhänge zwischen Funktionsparametern und den objektiven Fahrdynamikkriterien. Weiterhin werden geeignete Funktionsparameterwerte identifiziert.

Die TV-Funktion koordiniert die Verteilung des Antriebsmoments zwischen dem linken und rechten Rad der Hinterachse und ist ein Teil des zentralen Fahrdynamikreglers. Hauptbestandteil der Funktion ist ein Regler mit proportionalem und integralem Anteil sowie einer Vorsteuerung. Regelgröße ist die Giergeschwindigkeit des Fahrzeugs. Die Stellgröße ist die Antriebsmomentdifferenz zwischen den Rädern der Hinterachse. Basis der Vorsteuerung ist ein Einspurmodell (ESM) für die Berechnung der Soll-Giergeschwindigkeit $\dot{\psi}_{\mathrm{Soll}}$ und ein inverses Fahrzeugmodell für die Stellgrößenermittlung. Die Vorsteuerung beinhaltet mehrere Teilfunktionen für verschiedene Fahrsituationen. Im Anwendungsbeispiel dieser Arbeit werden nur die für die Fahrdynamik bei angetriebener Kurvenfahrt relevanten Teilfunktionen und Parameter analysiert.

Ein Bestandteil der Vorsteuerung ist die Funktion zur Anpassung des Eigenlenkverhaltens (FEG). Mithilfe dieser Funktion wird der Eigenlenkgradient U_{Soll} des ESM zwischen dem Wert $U_{\mathrm{Soll}} = 0$ (neutrales Eigenlenkverhalten) und dem Wert des passiven Fahrzeugs variiert. Je höher die Werte der zugehörigen Funktionsparameter $P_1 - P_6$, desto stärker nähert sich der Eigenlenkgradient dem Wert $U_{\mathrm{Soll}} = 0$ an. Bei stationärer Kreisfahrt und unter Annahme linearem Einspurmodellverhaltens besteht der in Gl. 6.4 gezeigte Zusammenhang zwischen der Soll-Giergeschwindigkeit $\dot{\psi}_{\mathrm{Soll}}$ und U_{Soll} [106]. Weitere Größen dieses Zusammenhangs sind die Lenkübersetzung i_{L}, der Radstand l, die Horizontalgeschwindigkeit v_{h} sowie der Lenkradwinkel δ_{H}.

$$\dot{\psi}_{\mathrm{Soll}} = \frac{1}{i_{\mathrm{L}}} \frac{v_{\mathrm{h}}}{l + U_{\mathrm{Soll}} {v_{\mathrm{h}}}^2} \delta_{\mathrm{H}} \qquad \text{Gl. 6.4}$$

Weiterer Bestandteil der Vorsteuerung ist die Funktion zur Kompensation des Untersteuerns beim Beschleunigen (FAX). Infolge der Längsbeschleunigung des Fahrzeugs tritt eine dynamische Achslastverlagerung auf, welche zu einer Verringerung der Radlast an der Vorderachse $F_{z,\mathrm{v}}$ und einer Erhöhung der Radlast an der Hinterachse $F_{z,\mathrm{h}}$ gegenüber den statischen Achslasten $F_{z,0,\mathrm{v/h}}$ führt. Durch die Radlastveränderung erhöht sich die Achsschräglaufsteifigkeit der Hinterachse $c_{\alpha,\mathrm{h}}$ und die der Vorderachse $c_{\alpha,\mathrm{v}}$ nimmt ab [115]. Dadurch steigt die Untersteuertendenz des Fahrzeugs. Dieser Effekt ist anhand der Definition des Eigenlenkgradients U für die stationäre Kreisfahrt und Einspurmodellverhalten gemäß Gl. 6.5 nachvollziehbar [115]. Der Zunahme der Untersteuertendenz wirkt die FAX entgegen. Die zugehörigen Funktionsparameter P_7 – P_{12} bestimmen die Stärke der Kompensation.

$$U = \frac{1}{g} \left(\frac{F_{z,0,\mathrm{v}}}{c_{\alpha,\mathrm{v}} \left(F_{z,\mathrm{v}} \right)} - \frac{F_{z,0,\mathrm{h}}}{c_{\alpha,\mathrm{h}} \left(F_{z,\mathrm{h}} \right)} \right) \qquad \text{Gl. 6.5}$$

Weiterhin werden in diesem Anwendungsbeispiel die Parameter P_{13} und P_{14} der Übersteuer-Regelung betrachtet. Alle zu applizierenden Parameter liegen in Form von Kennlinien bzw. zweidimensionalen Kennfeldern vor. Im Rahmen der nachfolgenden Analysen werden die Basis-Charakteristiken der Kennlinien bzw. Kennfelder mit jeweils einem skalaren Faktor skaliert. Auf diese Weise wird die Anzahl der zu untersuchenden Parameter auf ein überschaubares Maß begrenzt. Die Skalierung erfolgt im gesamten Parameterdefinitionsbereich.

Die Analyse der Parametersensitivitäten erfolgt mit der Methode aus Kapitel 5.3. Der Versuchsplan umfasst 500 Trajektorien. Auf Basis der Ergebnisse der SA werden Applikationslandkarten für die Manöver PONC4040 und PONC7560 erstellt. Die Applikationslandkarten in den Abbildungen 6.8 und A9.3 zeigen den normierten Mittelwert der Elementareffekte μ^*_{norm} der Parameter P_1 – P_{14} hinsichtlich der objektiven Fahrdynamikkriterien K_{KF}, K_{FS}, K_{EV} und K_{TR}. Der Sensitivitätsindex μ^*_{norm} ist als Maß für die mittlere Stärke und Richtung des Einflusses der Applikationsparameter im gesamten Definitionsbereich zu interpretieren. Ein positives Vorzeichen zeigt an, dass eine Erhöhung des Parameters im Mittel zu einer Zunahme des objektiven Kriteriums führt. Ein negatives Vorzeichen weist auf einen entgegengesetzten Zusammenhang hin.

	$K_{\mathrm{KF}}\vert_{v10}$	$K_{\mathrm{KF}}\vert_{v20}$	$K_{\mathrm{TR}}\vert_{v20}$	$K_{\mathrm{FS}}\vert_{v10}$	$K_{\mathrm{FS}}\vert_{v20}$	$K_{\mathrm{EV}}\vert_{v20}$	$K_{\mathrm{TR}}\vert_{v10}$	$K_{\mathrm{EV}}\vert_{v10}$
P_4	0,02	−0,02	0,08	0,08	0,06	−0,10	−0,12	−0,17
P_5	0,01	0,02	0,06	0,06	0,06	0,13	0,09	0,17
P_6	0,01	0,02	0,07	0,06	0,06	−0,08	0,09	0,15
P_{11}	0,02	0,03	0,04	0,06	0,06	−0,09	0,04	−0,07
P_{12}	0,02	0,02	0,04	0,06	0,06	−0,08	0,04	−0,07
P_3	0,01	−0,01	−0,04	−0,04	−0,03	−0,04	−0,07	−0,08
P_1	−0,01	0,01	−0,04	−0,03	−0,02	0,05	−0,06	−0,07
P_2	−0,01	0,01	−0,03	−0,03	0,02	−0,04	−0,05	−0,09
P_9	0,01	0,01	0,02	0,03	0,04	−0,04	−0,03	−0,04
P_{10}	0,01	0,01	0,02	0,03	0,04	−0,05	0,02	−0,04
P_7	0,01	0,01	0,02	0,02	0,03	−0,04	−0,02	−0,04
P_8	0,01	0,01	0,02	0,02	0,03	−0,03	−0,02	−0,03
P_{13}	0,00	0,00	0,00	0,00	0,00	0,00	0,00	0,00
P_{14}	0,00	0,00	0,00	0,00	0,00	0,00	0,00	0,00

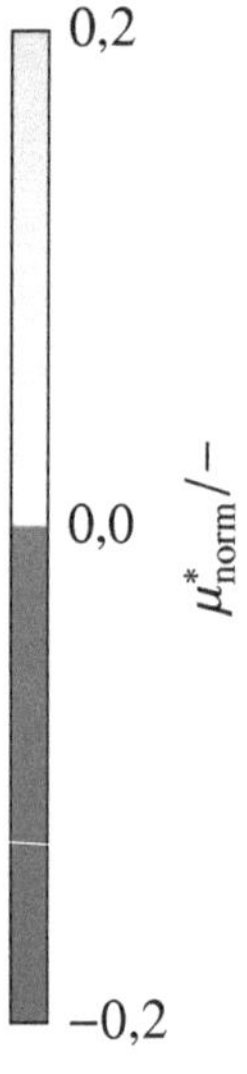

Abbildung 6.8: Applikationslandkarte für die Applikation des Torque Vectoring im Manöver PONC4040

Erwartungsgemäß weisen die Parameter P_1 – P_6 der FEG, die das Eigenlenkverhalten unabhängig von weiteren Fahrdynamikgrößen beeinflussen, auf alle untersuchten Fahrdynamikkriterien einen signifikanten Einfluss auf. Die Parameter der FEG erzielen die höchsten mittleren Werte von μ^*_{norm} in beiden Manövern. Weiterhin zeigen die Parameter P_{11} und P_{12} der FAX eine vergleichsweise hohe Sensitivität. Diese Parameter bestimmen maßgeblich die Stärke der Untersteuerkompensation im Beschleunigungsvorgang. Die Parameter P_{13} und P_{14} der Übersteuer-Regelung weisen keinen Einfluss auf, da keine relevante Fahrsituationen in den Manövern PONC4040 und PONC7560 auftreten.

Den stärksten Einfluss auf die analysierten objektiven Kriterien hat der Parameter P_4. Dieser Parameter verändert den Eigenlenkgradient des Soll-Verhaltens in Abhängigkeit von der Längsbeschleunigung. Zur Veranschaulichung des Parametereinflusses zeigt Abbildung 6.9 die Bahnkurven des sportlichen SUV in den Manövern PONC4040 und PONC7560. In der Abbildung ist jeweils die Position des Fahrzeugs mit maximalen und minimalen Wert des Parameters P_4 in der Sensitivitätsanalyse im ortsfesten Koordinatensystem (x_E, y_E) dargestellt.

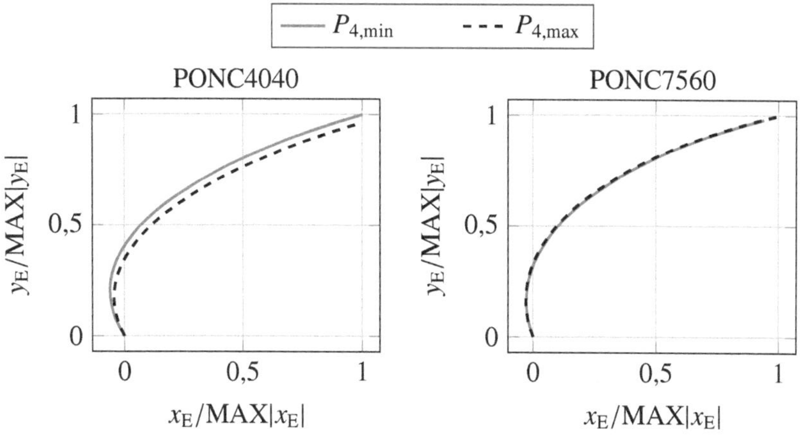

Abbildung 6.9: Einfluss des Parameters P_4 auf die Bahnkurve des sportlichen SUV in den Manöver PONC4040 und PONC7560

Abbildung 6.9 zeigt, dass eine Erhöhung von P_4 zur Agilisierung des Fahrverhaltens und Verringerung des mittleren Bahnradius im Manöver PONC4040 führt. Ursache hierfür ist die Zunahme des TV-Differenzmoments bei gleicher Längsbeschleunigung. Dieser Effekt ist jedoch durch das kombinierte Reibkraftpotential der Reifen begrenzt, wie die Ergebnisse für das Manöver PONC7560 zeigen. Im Manöver PONC7560 ist bereits zu Beginn das kombinierte Reibkraftpotential des kurvenäußeren Hinterreifens nahezu vollständig ausgenutzt. Daher wird durch eine Erhöhung von P_4 keine signifikante Verringerung des Bahnradius im Manöver PONC7560 erzielt. Diese Beobachtung verdeutlicht die Abhängigkeit der Parametersensitivitäten von Fahrdynamikgrößen, wie der Fahrgeschwindigkeit und Querbeschleunigung. Eine Analyse dieser Abhängigkeiten im Fahrversuch ist i. d. R. mit hohem zeitlichem und finanziellem Aufwand verbunden. Mithilfe der Applikationslandkarten können derartige Abhängigkeiten anschaulich dargestellt und für eine gezielte Applikation genutzt werden. Weiterhin ist deren Erstellung auf Basis von Simulationen trotz der Laufzeit von über einer Woche für die Anwendung in dieser Arbeit i. d. R. zeit- und ressourceneffizienter als die versuchsbasierte Analyse.

Zusätzlich geben die Applikationslandkarten eine Vorzugsreihenfolge für die Parameterapplikation an. Die Reihenfolgen für die Manöver PONC4040 und PONC7560 unterscheiden sich nur geringfügig. Zuerst sollte der Kursführungskennwert K_{KF} in beiden Geschwindigkeitsintervallen eingestellt werden, da dieser Kennwert nur mit vergleichsweise wenigen Applikationsparametern signifikant beeinflussbar ist. Anschließend sollte die Einstellung des Traktionskennwerts K_{TR} im Intervall $[v_{h,0} \dots v_{h,0} + 20\,\mathrm{km/h}]$ erfolgen. Das Kriterium K_{EV} weist im Geschwindigkeitsintervall $[v_{h,0} \dots v_{h,0} + 10\,\mathrm{km/h}]$ signifikante Abhängigkeiten zu fast allen Parametern auf. Daher müssen die Ziele hinsichtlich dieses Kriteriums bei der Einstellung aller weiteren Kriterien stets berücksichtigt werden. Weiterhin sollte die finale Einstellung von K_{TR} zuletzt erfolgen. Die Applikationsreihenfolge der weiteren Fahrdynamikkriterien unterscheidet sich für die Manöver PONC4040 und PONC7560. Abbildungen 6.8 und A9.3 zeigen die entsprechenden Reihenfolgen. Unter Berücksichtigung der Vorzugsreihenfolge wird eine annähernd wechselwirkungsfreie Applikation aller Parameter ermöglicht. Die Sensitivitäten unterhalb der Hauptdiagonalen der Applikationslandkarten zeigen jedoch, dass eine vollständig wechselwirkungsfreie Applikation in der Anwendung häufig nicht möglich ist.

Auf Basis der Applikationslandkarten kann somit eine gezielte Applikation des TV in der Simulation oder im Fahrversuch erfolgen. Für die initiale Identifikation geeigneter Applikationsparameterwerte sind aus Effizienzgründen simulationsbasierte Verfahren zu bevorzugen. Ein entsprechendes Vorgehen ist in Kapitel 5.4 vorgestellt und wird nachfolgend zur virtuellen Applikation des TV des sportlichen Fahrzeugderivats angewandt. Die Applikation erfolgt auf

Basis der in Kapitel 3.3 definierten Fahrdynamikziele des sportlichen Derivats. Es wird der gesamte zulässige Wertebereich der 14 Funktionsparameter genutzt. Die Variation von Kennlinien und Kennfeldern erfolgt mittels Skalierung. Startwerte der Applikation sind die Basiswerte der Parameter P_1 – P_{14}, die im Rahmen der Funktionsentwicklung definiert werden. Dieser Applikationsstand wird nachfolgend als *Basisapplikation* bezeichnet.

Das Applikationsverfahren beruht auf der Bayes'sche Optimierung (BO) mit Gaußprozess-Modell. Zu Beginn der Optimierung erfolgt die Initialisierung des Gaußprozess-Modells auf Basis von 800 Datenpunkten der zur Erzeugung der Applikationslandkarten durchgeführten SA. Als Abbruchkriterium ist eine maximale Iterationszeit von 48 h definiert. Abbildungen 6.10 und A9.4 zeigen das Ergebnis der Optimierung für die Manöver PONC4040 und PONC7560. In diesen Abbildungen sind die Zielbereiche, die Werte des sportlichen SUV mit Basisapplikationsstand sowie die Werte des Fahrzeugs mit optimierten Applikationsparameterwerten hinsichtlich der objektiven Kriterien K_{KF}, K_{FS}, K_{EV} und K_{TR} dargestellt. Alle Werte der objektiven Kriterien sind auf den Wert des Fahrzeugs mit Basisapplikationsstand normiert. Mit den optimierten Applikationsparameterwerten wird eine Verringerung des Zielfunktionswerts von 67,4 % gegenüber dem Wert der Basisapplikation erzielt. Weiterhin werden alle Fahrdynamikziele des sportlichen Derivats erreicht.

Bei der beschriebenen Ausführung des Applikationsverfahrens wird der Minimalwert der Zielfunktion nach 343 Iterationen identifiziert. Zum Vergleich der Ausführungszeiten wird die BO ein weiteres Mal ohne die Verwendung der Daten der SA durchgeführt. Weitere Randbedingungen und Eingangsdaten des Verfahrens werden nicht verändert. Bei dieser Ausführung wird ein mit der ersten Ausführung der BO vergleichbarer Zielfunktionswert nach 428 Iterationen erreicht. Die Identifikation des Zielfunktionswerts dauert somit ca. 24 % länger als bei der ersten Ausführung. Dieser Vergleich verdeutlicht den Effizienzvorteil, den das virtuelle Applikationsverfahren durch die Nutzung von bereits vorhandenen Daten bietet.

Die identifizierten Applikationsparameterwerte stellen eine geeignete Basis für die weiterführende Applikation des TV des sportlichen Fahrzeugderivats in der Simulation oder im Fahrversuch dar. Hierbei können u. a. zusätzliche Manöver und abweichende Versuchsbedingungen berücksichtigt werden. Das virtuelle

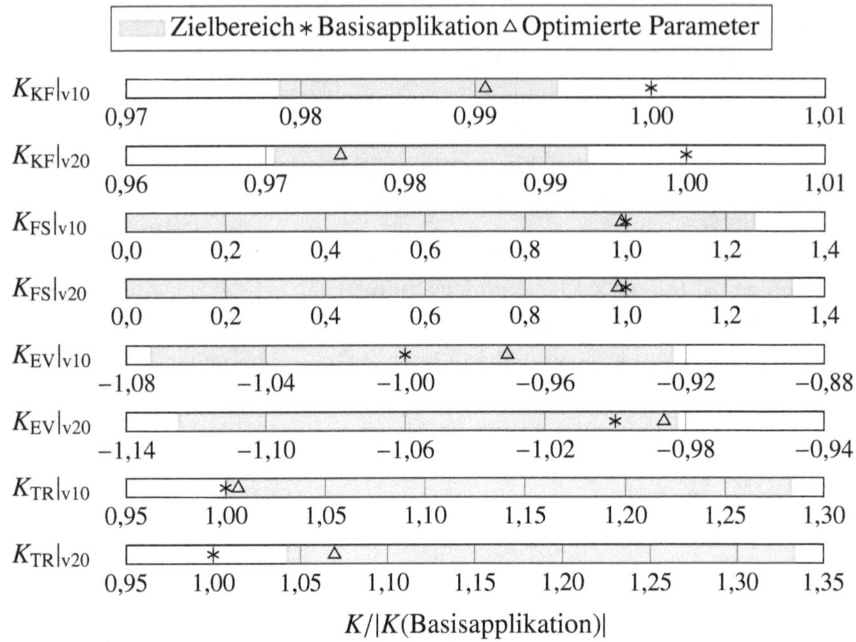

Abbildung 6.10: Ergebnis der virtuellen TV-Applikation hinsichtlich Fahrdynamikkriterien des Manövers PONC4040

Applikationsverfahren ermöglicht somit in Kombination mit den Applikationslandkarten eine gezielte und effiziente Eigenschaftsapplikation.

7 Schlussfolgerung und Ausblick

Die vorliegende Arbeit stellt simulationsbasierte Methoden für eine durchgängige Entwicklung der kombinierten Längs- und Querdynamik eines Fahrzeugs vor. Im Fokus steht dabei die Fahrdynamik bei angetriebener Kurvenfahrt. Die vorgestellten Verfahren beheben Defizite des aktuellen Entwicklungsprozesses und ermöglichen eine durchgängige virtuelle Entwicklung von Fahrdynamikeigenschaften. Aufgrund des generischen Aufbaus sind die Methoden auch auf weitere Fahrdynamikbereiche übertragbar.

Für eine simulationsbasierte Fahrdynamikentwicklung sind objektive Bewertungskriterien essentiell. Die Identifikation geeigneter Kriterien für die Fahrdynamik bei angetriebener Kurvenfahrt ist daher das Ziel Z_1 dieser Arbeit. Hierfür wurde ein generisches Verfahren entwickelt, dass auf der Untersuchung von Korrelationen zwischen der subjektiven und objektiven Eigenschaftsbewertung sowie von Closed-loop- und Open-loop-Kennwerten basiert. Damit hebt sich das Verfahren von üblichen Vorgehensweisen ab, die häufig nur Korrelationen zwischen subjektiven und objektiven Bewertungen berücksichtigen. Weiterhin wird eine hohe Ergebnisqualität der subjektiven Bewertung durch die Anwendung von Vorgehensweisen der empirischen psychologischen Forschung erzielt. Ergebnis des Objektivierungsverfahrens ist ein Satz an Open-loop-Kennwerten, mit dem erstmals alle fahrdynamisch relevanten Eigenschaften beim Beschleunigen aus der Kurvenfahrt erfassbar sind. Weiterhin zeichnen sich die identifizierten Kriterien im Vergleich zu etablierten Kennwerten durch eine höhere Robustheit gegenüber der versuchsbedingten Streuung von Fahrdynamikgrößen aus. Für die Mehrzahl der Kriterien kann eine signifikante Korrelation zu etablierten Subjektivkriterien eines Fahrzeugherstellers und Kennwerten des korrespondierenden Closed-loop-Manövers nachgewiesen werden. Zudem besteht für jedes Bewertungskriterium ein nachvollziehbarer Zusammenhang zur Fahrphysik. Die Eignung der Kriterien wurde zusätzlich durch eine weitere verkürzte Objektivierungsstudie bestätigt. Folglich ist das erste Ziel Z_1 der Arbeit erreicht. Die Kriterien sind für die Volllastbeschleunigung in zwei Geschwindigkeits- und Querbeschleunigungsbereichen definiert. Die Anwendbarkeit für andere Versuchsbedingungen ist in zukünftigen Arbeiten zu prüfen.

J. Raabe, *Methoden zur durchgängigen virtuellen Eigenschaftsentwicklung von Fahrzeugen hinsichtlich kombinierter Längs- und Querdynamik*,
Wissenschaftliche Reihe Fahrzeugtechnik Universität Stuttgart,
https://doi.org/10.1007/978-3-658-50210-2_7

Die simulationsbasierte Fahrdynamikauslegung eines Fahrzeugs erfordert geeignete Simulationsmodelle. Die Arbeit stellt diesbezüglich ein Modell für die gesamtheitliche Auslegung von Antrieb und Fahrwerk auf Basis eines bestehenden Zweispurmodells und einem generischen Antriebsmodell vor. Zur Realisierung einer hohen Laufzeiteffizienz erfolgt die Modellierung der System- und Komponenteneigenschaften kennlinienbasiert. Weiterhin ermöglicht der Modellaufbau eine Parametrierung mit den in der Konzeptphase zur Verfügung stehenden Daten. Besonderheit des Antriebsmodells ist dessen generischer Aufbau, der die Simulation beliebiger Antriebskonfigurationen sowie des Torque Vectorings bereits in frühen Entwicklungsphasen ermöglicht. Die Validierung des Fahrzeugmodells für das Manöver Beschleunigung aus Kurvenfahrt weist eine hinreichende Modellgüte für die Konzeptentwicklung nach. Damit ist das Ziel Z_2 bezüglich eines Simulationsmodell für die Auslegung von Antriebs- und Fahrwerkseigenschaften hinsichtlich der Fahrdynamik bei angetriebener Kurvenfahrt erfüllt. Defizite bestehen in Hinblick auf die Simulation der Antriebsdynamik. Diesbezüglich ist zu prüfen, welche Modellerweiterungen zur Steigerung der Ergebnisqualität erforderlich sind.

Aus Effizienzgründen beschränkt sich die Fahrdynamikauslegung auf die zur Erreichung der Gesamtfahrzeugziele relevantesten Subsystem- bzw. Komponenteneigenschaften. Zur Identifikation der relevanten Eigenschaften präsentiert diese Arbeit ein Verfahren auf Basis der varianzbasierten Sensitivitätsanalyse womit das zugehörige Ziel Z_3 erreicht wird. Das Verfahren analysiert singuläre Effekte sowie Wechselwirkungseffekte der Parameter eines Fahrzeugsimulationsmodells und generiert quantitative Aussagen zum Einfluss auf objektive Fahrdynamikkriterien. Auf Grundlage mehrerer Basisfahrzeuge werden verschiedene Antriebs- und Fahrwerkkonzepte in die Ermittlung der Sensitivitäten einbezogen und somit verallgemeinerte Ergebnisse erzielt. Nachteilig ist der hohe Rechenaufwand für die Sensitivitätsanalyse, der linear mit zunehmender Parameteranzahl steigt. Diesbezüglich ist zu prüfen, ob mit einem vorgelagerten Parameterscreening ein Laufzeitvorteil erreicht werden kann.

Zur Erreichung des Ziels Z_4 bezüglich der Entwicklung eines effizienten Verfahrens zur Ableitung von Eigenschaftszielen für die Subsysteme bzw. Komponenten des Fahrzeugs wurde ein optimierungsbasiertes Vorgehen entwickelt. Das Verfahren ermittelt unabhängige und robuste Zielbereiche für die Subsystem- bzw. Komponenteneigenschaften. Mit dem Vorgehen wird eine gesamtheitliche Auslegung von Antrieb und Fahrwerk hinsichtlich der Fahrdynamikziele erreicht und so das gesamte zur Verfügung stehende Potential ausgeschöpft. Weiterhin ermittelt das Verfahren mehrere verschiedene Lösungen, um dem Anwender einen umfassenden Überblick über mögliche Auslegungsvarianten des Fahrzeugs zu geben. Weiterentwicklungsmöglichkeiten bestehen hinsichtlich des systematischen Vergleichs der Auslegungsvarianten.

Zur Unterstützung der systematischen und effizienten Applikation von Fahrdynamikfunktionen wurden zwei Methoden basierend auf dem Software-in-the-Loop-Ansatz entwickelt. Das erste Verfahren analysiert Sensitivitäten der Funktionsparameter hinsichtlich objektiver Fahrdynamikkriterien und ermittelt eine Vorzugsreihenfolge für eine möglichst wechselwirkungsfreie Applikation. Damit wird das Ziel Z_5 hinsichtlich einer Methode zur Analyse der Wechselwirkungen zwischen Applikationsparametern und der Gesamtfahrzeugdynamik erreicht. Nachteilig ist die vergleichsweise geringe Laufzeiteffizienz der Methode, die durch entsprechende Maßnahmen in zukünftigen Arbeiten erhöht werden sollte.

Mit der zweiten Applikationsmethode wird das Ziel Z_6 bezüglich eines simulationsbasierten Verfahrens für die Identifikation geeigneter Werte der Funktionsparameter erreicht. Das optimierungsbasierte Verfahren analysiert den Einfluss von Änderungen der Applikationsparameterwerte auf objektive Kennwerte der Gesamtfahrzeugdynamik und ermittelt darauf basierend optimale Parameterwerte. Der verwendete Optimierungsalgorithmus zeichnet sich durch eine im Vergleich zu anderen Algorithmen geringe Anzahl an notwendigen Zielfunktionsauswertungen aus. Weiterhin können vorhandene Simulationsergebnisse für die Optimierung genutzt werden und so zur Effizienzsteigerung beitragen. Damit eignet sich das Verfahren für die virtuelle Applikation komplexer Funktionen und Regelsysteme. Eine Möglichkeit zur Erweiterung besteht hinsichtlich des systematischen Vergleichs mehrerer identifizierter Applikationsstände.

Die Anwendung der Methoden für die Entwicklung einer Fahrzeugplattform und eines darauf basierenden Derivats hinsichtlich der Fahrdynamik bei angetriebener Kurvenfahrt weist deren Kompatibilität mit Zeitvorgaben des aktuellen Fahrzeugentwicklungsprozess nach. Weiterhin zeigt die Methodenanwendung Potentiale zur Effizienzsteigerung und Verkürzung der Zyklen der Fahrdynamikentwicklung auf.

Literaturverzeichnis

[1] Abdulrahim, Mujahid: On the Dynamics of Automobile Drifting. In: *SAE Technical Paper* (2006), Nr. 2006-01-1019, S. 1–10

[2] Abe, Masato: *Vehicle Handling Dynamics (Second Edition): Chapter 3 - Fundamentals of Vehicle Dynamics*. Butterworth-Heinemann, 2015

[3] Abel, Hendrik: *Entwicklung einer Fahrwerkauslegungsmethode für Pkw zur Anwendung in der Konzeptphase*. Dresden, Technische Universität Dresden, Dissertation, 2019

[4] Albrecht, Marc: *Modellierung der Komfortbeurteilung aus Kundensicht am Beispiel des automatisierten Anfahrens*. Karlsruhe, Karlsruher Institut für Technologie - KIT, Dissertation, 2005

[5] Andres, T. H.; Hajas, W. C.: Using iterated fractional factorial design to screen parameters in sensitivity analysis of a probabilistic risk assessment model. In: Kuesters, H. (Hrsg.); Stein, E. (Hrsg.); Werner, W. (Hrsg.): *Mathematical methods and supercomputing in nuclear applications* Bd. 2, 1993, S. 328–337

[6] Angrick, Christian; Prokop, Günther; Knauer, Peter: Design of Ride Comfort Characteristics on Subsystem Level in the Product Development Process. In: Winner, Hermann (Hrsg.); Prokop, Günther (Hrsg.); Maurer, Markus (Hrsg.): *Automotive Systems Engineering II*. Cham: Springer, 2018, S. 3–29

[7] Apfelbeck, Andreas; Henze, Roman; Küçükay, Ferit: Predicting Subjective Impressions of the Roll Dynamics of Passenger Cars Using Characteristic Values in the Time and Frequency Domains. In: *SAE International Journal of Vehicle Dynamics, Stability, and NVH* 5 (2021), Nr. 2, S. 113–129

[8] Awad, Majdi; Senga Kiesse, Tristan; Assaghir, Zainab; Ventura, Anne: Convergence of sensitivity analysis methods for evaluating combined

J. Raabe, *Methoden zur durchgängigen virtuellen Eigenschaftsentwicklung von Fahrzeugen hinsichtlich kombinierter Längs- und Querdynamik*, Wissenschaftliche Reihe Fahrzeugtechnik Universität Stuttgart, https://doi.org/10.1007/978-3-658-50210-2

influences of model inputs. In: *Reliability Engineering & System Safety* 189 (2019), S. 109–122

[9] Balazs, Andreas: *Optimierte Auslegung von ottomotorischen Hybridantriebssträngen unter realen Fahrbedingungen.* Aachen, RWTH Aachen, Dissertation, 2015

[10] Ball, Amit K.; Roy, Shibendu S.; Kisku, Dakshina R.; Murmu, Naresh C.; Coelho, Leandro dos S.: Optimization of drop ejection frequency in EHD inkjet printing system using an improved Firefly Algorithm. In: *Applied Soft Computing* 94 (2020), Nr. 106438, S. 1–23

[11] Baughey, Kevin: Functional and Logical Structures: A Systems Engineering Approach. In: *SAE Technical Paper* (2011), Nr. 2011-01-0517

[12] Beal, Craig E.; Boyd, Christina: Coupled lateral-longitudinal vehicle dynamics and control design with three-dimensional state portraits. In: *Vehicle System Dynamics* 57 (2019), Nr. 2, S. 286–313

[13] Bechtloff, Jakob P.: *Schätzung des Schwimmwinkels und fahrdynamischer Parameter zur Verbesserung modellbasierter Fahrdynamikregelungen.* Darmstadt, Technische Universität Darmstadt, Dissertation, 2017

[14] Bei, Jin-Ling; Zhang, Ming-Xin; Wang, Ji-Quan; Song, Hao-Hao; Zhang, Hong-Yu: Improved Hybrid Firefly Algorithm with Probability Attraction Model. In: *Mathematics* 11 (2023), Nr. 389, S. 1–59

[15] Bergen, Bart; Chavan, Jaysing A.; van de Rostyne, Kris: Target Setting for Vibration Transmission Through Driveline Components Based on On-Vehicle and On-Bench Evaluation. In: Siebenpfeiffer, Wolfgang (Hrsg.): *Automotive Acoustics Conference 2019.* Wiesbaden: Springer Vieweg, 2020, S. 109–121

[16] Bergman, Walter: Considerations in Determining Vehicle Handling Requirements. In: *SAE Technical Paper* (1969), Nr. 690234, S. 1–16

[17] Bilgin, Berker; Magne, Pierre; Malysz, Pawel; Yang, Yinye; Pantelic, Vera; Preindl, Matthias; Korobkine, Alexandre; Jiang, Weisheng; Lawford, Mark; Emadi, Ali: Making the Case for Electrified Transportation.

In: *IEEE Transactions on Transportation Electrification* 1 (2015), Nr. 1, S. 4–17

[18] Boehm, B. W.: Guidelines for Verifying and Validating Software Requirements and Design Specifications. In: Samet, P. A. (Hrsg.): *Euro IFIP 79*. Amsterdam: North-Holland Publ. Co., 1979, S. 711–719

[19] Borgeest, Kai: *Elektronik in der Fahrzeugtechnik: Hardware, Software, Systeme und Projektmanagement*. 4. Springer Vieweg, 2020

[20] Borky, John M.; Bradley, Thomas H.: *Effective Model-Based Systems Engineering*. Cham: Springer, 2019

[21] Bortz, Jürgen; Döring, Nicola: *Forschungsmethoden und Evaluation: In den Sozial- und Humanwissenschaften*. 4. Berlin: Springer, 2006

[22] Boukouvalas, Alexis; Gosling, John P.; Maruri-Aguilar, Hugo: An Efficient Screening Method for Computer Experiments. In: *Technometrics* 56 (2014), Nr. 4, S. 422–431

[23] Brajević, Ivona; Stanimirović, Predrag: An improved chaotic firefly algorithm for global numerical optimization. In: *International Journal of Computational Intelligence Systems* 12 (2018), S. 131–148

[24] Brandt, Adam; Jacobson, Bengt; Sebben, Simone: High speed driving stability of road vehicles under crosswinds: an aerodynamic and vehicle dynamic parametric sensitivity analysis. In: *Vehicle System Dynamics* 60 (2022), Nr. 7, S. 2334–2357

[25] Braunholz, Christopher: *Integration von Sensitivitätsanalysemethoden in den Entwicklungsprozess für Fahrwerkregelsysteme*. Stuttgart, Universität Stuttgart, Dissertation, 2021

[26] Bruck, Lucas; Haycock, Bruce; Emadi, Ali: A Review of Driving Simulation Technology and Applications. In: *IEEE Open Journal of Vehicular Technology* 2 (2021), S. 1–16

[27] Bull, Adam D.: *Convergence rates of efficient global optimization algorithms*. 2011. – URL `https://arxiv.org/abs/1101.3501`. – Zugriffsdatum: 2024-03-25

[28] Campolongo, Francesca; Cariboni, Jessica; Saltelli, Andrea: An effective screening design for sensitivity analysis of large models. In: *Environmental Modelling & Software* 22 (2007), Nr. 10, S. 1509–1518

[29] Campolongo, Francesca; Saltelli, Andrea; Cariboni, Jessica: From screening to quantitative sensitivity analysis. A unified approach. In: *Computer Physics Communications* 182 (2011), Nr. 4, S. 978–988

[30] Chen, D. C.; Crolla, D. A.: Subjective and Objective Measures of Vehicle Handling: Drivers & Experiments. In: *Vehicle System Dynamics* 29 (1998), Nr. 1, S. 576–597

[31] Chen, Gang; Zhang, Weigong; Gong, Zongyang; Sun, Wei: A new approach to vehicle shift quality subjective evaluation based on fuzzy logic and evidence theory. In: *4th IEEE Conference on Industrial Electronics and Applications*, 2009, S. 2792–2795

[32] Chen, Liqing; Li, Zhiqiang; Yang, Juanjuan; Song, Yu: Lateral Stability Control of Four-Wheel-Drive Electric Vehicle Based on Coordinated Control of Torque Distribution and ESP Differential Braking. In: *Actuators* 10 (2021), Nr. 135, S. 1–16

[33] Commission of the European Communities: *REGULATION (EEC) No 4064/89 MERGER PROCEDURE - Case No COMP/M.1406 - HYUNDAI / KIA*. 1999-03-17

[34] Conway, Graham; Joshi, Ameya; Leach, Felix; García, Antonio; Senecal, Peter K.: A review of current and future powertrain technologies and trends in 2020. In: *Transportation Engineering* 5 (2021), Nr. 100080, S. 1–15

[35] Crolla, D. A.; Chen, D. C.; Whitehead, J. P.; Alstead, C. J.: Vehicle Handling Assessment Using a Combined Subjective-Objective Approach. In: *SAE Transactions* 107 (1998), S. 386–395

[36] Cui, Taowen; Zhao, Wanzhong; Wang, Chunyan; Guo, Yaohua; Zheng, Hongyu: Design optimization of a steering and suspension integrated system based on dynamic constraint analytical target cascading method. In: *Structural and Multidisciplinary Optimization* 62 (2020), Nr. 1, S. 419–437

[37] DECKER, Medon: *Zur Beurteilung der Querdynamik von Personenkraftwagen.* München, Technische Universität München, Dissertation, 2008

[38] DELLIGATTI, Lenny: *SysML Distilled: A Brief Guide to the Systems Modeling Language.* 1. London: Addison-Wesley Professional, 2013

[39] DENG, Zhaoxue; WEI, Xinxin; LI, Xingquan; ZHAO, Shuen; ZHU, Sunke: Design and multi-objective optimization of magnetorheological damper considering vehicle riding comfort and operation stability. In: *Journal of Intelligent Material Systems and Structures* 33 (2022), Nr. 9, S. 1215–1228

[40] DETTLAFF, Kilian: *Analytische und numerische Einflussanalyse aktiver Fahrwerksysteme.* Stuttgart, Universität Stuttgart, Dissertation, 2019

[41] DEUTSCHES INSTITUT FÜR NORMUNG: *ISO 8855:2013-11: Straßenfahrzeuge - Fahrzeugdynamik und Fahrverhalten - Begriffe.* 2013

[42] EDELMANN, J.; PLÖCHL, M.: Handling characteristics and stability of the steady-state powerslide motion of an automobile. In: *Regular and Chaotic Dynamics* 14 (2009), Nr. 6, S. 682–692

[43] EFRON, Bradley; TIBSHIRANI, Robert J.: *An Introduction to the Bootstrap.* New York: Chapman and Hall/CRC, 1994

[44] EIGNER, Martin; ROUBANOV, Daniil; ZAFIROV, Radoslav: *Modellbasierte virtuelle Produktentwicklung.* Berlin: Springer Vieweg, 2014

[45] EINSLE, Stefan; FRITZSCHE, Christopher: Utilization of objective tire characteristics in the chassis development process. In: *4. Internationales Münchner Fahrwerk-Symposium - chassis.tech plus 2013*, Springer Vieweg, 2013, S. 749–761

[46] EL-SHORBAGY, M. A.; EL-REFAEY, Adel M.: A hybrid genetic–firefly algorithm for engineering design problems. In: *Journal of Computational Design and Engineering* 9 (2022), Nr. 2, S. 706–730

[47] ELSAWAF, A.; VAMPOLA, T.: Passive Suspension System Optimization Using PSO to Enhance Ride Comfort when Crossing Different Types of Speed Control Profiles. In: *Journal of Traffic and Logistics Engineering* 3 (2015), Nr. 2, S. 129–135

[48] Ersoy, Metin (Hrsg.); Gies, Stefan (Hrsg.): *Fahrwerkhandbuch*. Wiesbaden: Springer Vieweg, 2017

[49] Ferretti, Federico; Saltelli, Andrea; Tarantola, Stefano: Trends in sensitivity analysis practice in the last decade. In: *Science of The Total Environment* 568 (2016), S. 666–670

[50] Fontana, Fabian: *Methoden zur durchgängigen virtuellen Eigenschaftsentwicklung von Fahrzeugen mit Bremsregelsystem*. Stuttgart, Universität Stuttgart, Dissertation, 2021

[51] Fossati, Giovani G.; Miguel, Letícia Fleck F.; Casas, Walter Jesus P.: Multi-objective optimization of the suspension system parameters of a full vehicle model. In: *Optimization and Engineering* 20 (2019), Nr. 1, S. 151–177

[52] Fuchs, Johann: Beitrag zum Verhalten von Fahrer und Fahrzeug bei Kurvenfahrt. In: *Fortschritt-Berichte VDI* 12 (1993), Nr. 184

[53] Gadhvi, Bhargav; Savsani, Vimal; Patel, Vivek: Multi-Objective Optimization of Vehicle Passive Suspension System Using NSGA-II, SPEA2 and PESA-II. In: *Procedia Technology* 23 (2016), S. 361–368

[54] Gao, Jin; Han, Peifeng: Analysis and optimization of vehicle handling stability with considering front and rear suspension hard point coordinates. In: *Journal of Mechanical Engineering Science* 236 (2022), Nr. 10, S. 5318–5341

[55] Gao, Jin; Qi, Xiaoping: Analysis and optimization of vehicle transient characteristics under sine-swept steering input with considering steering system stiffness and damping. In: *Journal of Multi-body Dynamics* 236 (2022), Nr. 1, S. 51–67

[56] Gao, Jin; Qi, Xiaoping: Handling performance analysis and optimization of a vehicle with considering the influence of steering shaft parameters. In: *Journal of Mechanical Science and Technology* 37 (2023), Nr. 2, S. 569–582

[57] Gao, Qi; Feng, Jinzhi; Zheng, Songlin: Optimization design of the key parameters of McPherson suspension systems using generalized multi-dimension adaptive learning particle swarm optimization. In: *Journal of Automobile Engineering* 233 (2019), Nr. 13, S. 3403–3423

[58] Gelbart, Michael A.; Snoek, Jasper; Adams, Ryan P.: *Bayesian Optimization with Unknown Constraints*. 2014. – URL `https://arxiv.org/abs/1403.5607`. – Zugriffsdatum: 2024-03-25

[59] Ghasemi, Mojtaba; Mohammadi, Soleiman k.; Zare, Mohsen; Mirjalili, Seyedali; Gil, Milad; Hemmati, Rasul: A new firefly algorithm with improved global exploration and convergence with application to engineering optimization. In: *Decision Analytics Journal* 5 (2022), Nr. 100125, S. 1–18

[60] Ghorbany, Mohammad; Ebrahimi-Nejad, Salman; Mollajafari, Morteza: Global-guidance chaotic multi-objective particle swarm optimization method for pneumatic suspension handling and ride quality enhancement on the basis of a thermodynamic model of a full vehicle. In: *Journal of Automobile Engineering* 237 (2023), Nr. 14, S. 3334–3352

[61] Gottschall, J.: Objektive Beurteilung von Bremsregelsystemen – Virtuelles Verfahren zur simulativen Applikation von Bremsregelsystemen. In: *16. Internationale VDI-Tagung Reifen-Fahrwerk-Fahrbahn* (2017), Nr. 2296, S. 315–324

[62] Graf, Michael: *Methode zur Erstellung und Absicherung einer modellbasierten Sollvorgabe für Fahrdynamikregelsysteme*. München, Technische Universität München, Dissertation, 2014

[63] Graff, Lavinia: *A stochastic algorithm for the identification of solution spaces in high-dimensional design spaces*. Basel, Universität Basel, Dissertation, 2013

[64] Greger, Matthias: *Auswirkungen einer variablen Momentenverteilung auf die Fahrdynamik*. München, Technische Universität München, Dissertation, 2006

[65] Gröll, Lutz: Klassifikation von Optimierungsproblemen. In: *at - Automatisierungstechnik* 66 (2018), Nr. 11, S. 903–927

[66] GUTJAHR, David: *Objektive Bewertung querdynamischer Reifeneigenschaften im Gesamtfahrzeugversuch*, Karlsruher Institut für Technologie - KIT, Dissertation, 2013

[67] HAC, Aleksander; BEDNER, Edward: Robustness of Side Slip Estimation and Control Algorithms for Vehicle Chassis Control. In: NATIONAL HIGHWAY TRAFFIC SAFETY ADMINISTRATION (Hrsg.): *Proceedings*, 2007, S. 1–15

[68] HEIDRICH, Lukas: *Beitrag zur methodischen Entwicklung von Fahrwerksystemen für elektrische Radnabenmaschinen.* Ilmenau, Technische Universität Ilmenau, Dissertation, 2017

[69] HEISSING, Bernd (Hrsg.); ERSOY, Metin (Hrsg.): *Chassis Handbook: Fundamentals, Driving Dynamics, Components, Mechatronics, Perspectives.* 1. Wiesbaden: Vieweg+Teubner, 2010

[70] HELBING, Maximilian; BÄKER, Bernard; SCHIFFER, Stephan: Electrified powertrain design of road vehicles: New evaluation framework. In: *2016 International Conference on Electrical Systems for Aircraft, Railway, Ship Propulsion and Road Vehicles & International Transportation Electrification Conference (ESARS-ITEC)*, 2016, S. 1–6

[71] HICK, Hannes; BAJZEK, Matthias; FAUSTMANN, Clemens: Definition of a system model for model-based development. In: *SN Applied Sciences* 1 (2019), Nr. 1074

[72] HUCHO, Wolf-Heinrich (Hrsg.): *Aerodynamik des Automobils: Strömungsmechanik, Wärmetechnik, Fahrdynamik, Komfort.* Vieweg+Teubner, 2015

[73] HÜLSMANN, Arthur: *Methodenentwicklung zur virtuellen Auslegung von Lastwechselphänomenen.* München, Technische Universität München, Dissertation, 2007

[74] HUNEKE, Malte: *Fahrverhaltensbewertung mit anwendungsspezifischen Fahrdynamikmodellen.* Braunschweig, Technische Universität Carolo-Wilhelmina zu Braunschweig, Dissertation, 2011

[75] International Organization for Standardization: *ISO 3888-2:2011(E): Passenger cars - Test track for a severe lane-change manoeuvre - Part 2: Obstacle avoidance.* 2011

[76] International Organization for Standardization: *ISO 19365:2016(E): Passenger cars - Validation of vehicle dynamic simulation - Sine with dwell stability control testing.* 2016

[77] International Organization for Standardization: *ISO 9816:2018(E): Passenger cars - Power-off reaction of a vehicle in a turn - Open-loop test method.* 2018

[78] International Organization for Standardization: *ISO 7975:2019(E): Passenger cars - Braking in a turn - Open-loop test method.* 2019

[79] International Organization for Standardization: *ISO 22140:2021(E): Passenger cars - Validation of vehicle dynamics simulation - Lateral transient response test methods.* 2021

[80] International Organization for Standardization: *ISO 4138:2021(E): Passenger cars - Steady-state circular driving behaviour - Open-loop test methods.* 2021

[81] Ivanov, Valentin; Augsburg, Klaus; Savitski, Dzmitry: Torque vectoring for improving the mobility of all-terrain electric vehicles. In: *12th European Regional Conference of the International Society for Terrain-Vehicle Systems*, 2012, S. 1–8

[82] Japs, Sergej; Anacker, Harald; Dumitrescu, Roman: SAVE: Security & safety by model-based systems engineering on the example of automotive industry. In: *Procedia CIRP* 100 (2021), S. 187–192

[83] Kaiser, Gerd: *Torque Vectoring: Linear Parameter-Varying Control for an Electric Vehicle.* Hamburg, Technische Universität Hamburg-Harburg, Dissertation, 2015

[84] Kaspar, Stephan: *Fahrdynamikuntersuchungen eines Elektrofahrzeugs mit Einzelrad-Hinterradantrieb.* Karlsruhe, Karlsruher Institut für Technologie - KIT, Dissertation, 2018

[85] Ketzmerick, Erik: *Virtuelle Lenksystementwicklung von PKW in der Konzeptphase*. Dresden, Technische Universität Dresden, Dissertation, 2025

[86] Kim, Hyung M.; Michelena, Nestor F.; Papalambros, Panos Y.; Jiang, Tao: Target Cascading in Optimal System Design. In: *Journal of Mechanical Design* 125 (2003), Nr. 3, S. 474–480

[87] King, R. P.; Crolla, D. A.; Ash, H. A. S.; Whitehead, J.: Identification of Subjective-Objective Vehicle Handling Links Using Neural Networks for the Foresight Vehicle. In: *SAE Transactions* 111 (2002), S. 609–617

[88] Korus, Jan-Dominik; Bullinger, Markus; Schuetz, Christoph; Garcia Ramos, Pilar; Wagner, Sebastian; Müller, Steffen: A Method for Identifying Most Significant Vehicle Parameters for Controller Performance of Autonomous Driving Functions. In: *SAE International Journal of Advances and Current Practices in Mobility* 1 (2019), Nr. 3, S. 996–1005

[89] Kraft, Christian: *Gezielte Variation und Analyse des Fahrverhaltens von Kraftfahrzeugen mittels elektrischer Linearaktuatoren im Fahrwerksbereich*. Karlsruhe, Karlsruher Institut für Technologie - KIT, Dissertation, 2010

[90] Krog, Jonas; Sahin, Tarik; Vietor, Thomas: Towards a Systems Engineering Methodology for Architecture Development of Vehicle Concepts. In: Mortensen, N. H. (Hrsg.): *NordDesign 2022. Proceedings*, The Design Society, 2022, S. 1–12

[91] Krüger, H.-P.; Neukum, A.; Schuller, J.: A Workload Approach to the Evaluation of Vehicle Handling Characteristics. In: *SAE Transactions* 109 (2000), S. 356–366

[92] Larminie, James; Lowry, John: *Electric vehicle technology explained*. Second edition. Chichester: John Wiley & Sons, 2012

[93] Laurence, P.; Basset, M.; Coutant, P.; Gissinger, G.: Lateral Vehicle Behaviour: Comparison of Subjective/Objective Assessment Using the Choquet Integral. In: *Vehicle System Dynamics* 34 (2000), Nr. 5, S. 357–379

[94] Lienkamp, Markus: *Elektromobilität: Hype oder Revolution?* Berlin, Heidelberg: Springer Vieweg, 2012

[95] Llopis-Albert, Carlos; Rubio, Francisco; Zeng, Shouzhen: Multiobjective optimization framework for designing a vehicle suspension system. A comparison of optimization algorithms. In: *Advances in Engineering Software* 176 (2023), Nr. 103375, S. 1–10

[96] Lu, Qian; Gentile, Pierangelo; Tota, Antonio; Sorniotti, Aldo; Gruber, Patrick; Costamagna, Fabio; Smet, Jasper de: Enhancing vehicle cornering limit through sideslip and yaw rate control. In: *Mechanical Systems and Signal Processing* 75 (2016), S. 455–472

[97] Lutz, Albert; Schick, Bernhard; Holzmann, Henning; Kochem, Michael; Meyer-Tuve, Harald; Lange, Olav; Mao, Yiqin; Tosolin, Guido: Simulation methods supporting homologation of Electronic Stability Control in vehicle variants. In: *Vehicle System Dynamics* 55 (2017), Nr. 10, S. 1432–1497

[98] Mahmoodabadi, M. J.; Farhadi, F.; Sampour, S.: Firefly algorithm based optimum design of vehicle suspension systems. In: *International Journal of Dynamics and Control* 7 (2019), Nr. 1, S. 134–146

[99] Mangia, Andrea; Lenzo, Basilio; Sabbioni, Edoardo: An integrated torque-vectoring control framework for electric vehicles featuring multiple handling and energy-efficiency modes selectable by the driver. In: *Meccanica* 56 (2021), Nr. 5, S. 991–1010

[100] Matsuno, Koji; Nitta, Ryo; Inoue, Koichi; Ichikawa, Katsufumi; Hiwatashi, Yutaka: Development of a New All-Wheel Drive Control System. In: *SAE Technical Paper* (2000), Nr. 2000-05-0248, S. 1–7

[101] Maulick, Thomas; Boisdequin, Gauthier; van de Weerd, Maurice: Porsche vehicle dynamics development – Virtual approval of car model derivatives in collaboration with road testing. In: Bargende, Michael (Hrsg.); Reuss, Hans-Christian (Hrsg.); Wiedemann, Jochen (Hrsg.): *15. Internationales Stuttgarter Symposium.* Wiesbaden: Springer Vieweg, 2015, S. 323–336

[102] MAURER, Markus; WINNER, Hermann: *Automotive Systems Engineering*. Berlin, Heidelberg: Springer, 2013

[103] MEISSNER, Tim C.: *Verbesserung der Fahrzeugquerdynamik durch variable Antriebsmomentenverteilung*. München, Technische Universität München, Dissertation, 2008

[104] MEYER-TUVE, Harald: *Modellbasiertes Analysetool zur Bewertung der Fahrzeugquerdynamik anhand von objektiven Bewegungsgrößen*. München, Technische Universität München, Dissertation, 2008

[105] MIHAILESCU, Adrian: *Effiziente Umsetzung von Querdynamik-Zieleigenschaften durch Fahrdynamikregelsysteme*. Aachen, RWTH Aachen, Dissertation, 2016

[106] MITSCHKE, Manfred; WALLENTOWITZ, Henning: *Dynamik der Kraftfahrzeuge*. 5. Wiesbaden: Springer Vieweg, 2014

[107] MITSCHKE, Manfred; WALLENTOWITZ, Henning; SCHWARTZ, E.: Vermeiden querdynamisch kritischer Fahrzustände durch Fahrzustandsüberwachung. In: *VDI Berichte* (1991), Nr. 916, S. 509–529

[108] MORRIS, Max D.: Factorial Sampling Plans for Preliminary Computational Experiments. In: *Technometrics* 33 (1991), Nr. 2, S. 161–174

[109] MUENSTER, Martin; KLOSE, Georg; WIEST, L.; BOSBACH, Ralf; RIXEN, Daniel; LEHNER, Michael; ZIMMERMANN, Markus: DoE-gestützter Vorderachsentwurf auf einem virtuellen Rollenprüfstand unter Berücksichtigung experimentell ermittelter Lenkungsübertragungseigenschaften. In: *18. Kongress SIMVEC - Simulation und Erprobung in der Fahrzeugentwicklung 2016*, VDI Verlag, 2016, S. 439–454

[110] NGUYEN, Chi T. P.; NGUYEN, Bao-Huy; TROVAO, Joao Pedro F.; TA, Minh C.: Torque Distribution Optimization for a Dual-Motor Electric Vehicle using Adaptive Network-based Fuzzy Inference System. In: *IEEE Transactions on Energy Conversion* (2023), S. 1–12

[111] NGUYEN, Minh-Tri; PITZ, Jürgen; KRANTZ, Werner; NEUBECK, Jens; WIEDEMANN, Jochen: Subjective Perception and Evaluation of Driving Dyna-

mics in the Virtual Test Drive. In: *SAE International Journal of Vehicle Dynamics, Stability, and NVH* 1 (2017), Nr. 2, S. 247–252

[112] NICOLETTI, Lorenzo; BRÖNNER, Matthias; DANQUAH, Benedikt; KOCH, Alexander; KÖNIG, Adrian; KRAPF, Sebastian; PATHAK, Aditya; SCHOCKENHOFF, Ferdinand; SETHURAMAN, Ganesh; WOLFF, Sebastian; LIENKAMP, Markus: Review of Trends and Potentials in the Vehicle Concept Development Process. In: *2020 Fifteenth International Conference on Ecological Vehicles and Renewable Energies (EVER)*, 2020, S. 1–15

[113] NORDELÖF, Anders; GRUNDITZ, Emma; TILLMAN, Anne-Marie; THIRINGER, Torbjörn; ALATALO, Mikael: A scalable life cycle inventory of an electrical automotive traction machine—Part I: design and composition. In: *The International Journal of Life Cycle Assessment* 23 (2018), Nr. 1, S. 55–69

[114] NYBACKA, Mikael; HE, Xuxin; SU, Zhicheng; DRUGGE, Lars; BAKKER, Egbert: Links between subjective assessments and objective metrics for steering, and evaluation of driver ratings. In: *Vehicle System Dynamics* 52 (2014), Nr. sup1, S. 31–50

[115] PACEJKA, Hans B.: *Tire and vehicle dynamics*. 3. Amsterdam and Boston: Elsevier, 2012

[116] PAGLIARECCI, N.; ZIMMER, F.; BIROUCHE, A.; BASSET, M.: Test methodology for the vehicle-tire handling performance evaluation: objectification of driver's subjective assessment. In: *IFAC-PapersOnLine* 53 (2020), Nr. 2, S. 14394–14400

[117] PAPAGEŌRGIU, Markos; LEIBOLD, Marion; BUSS, Martin: *Optimierung: Statische, dynamische, stochastische Verfahren für die Anwendung*. 3. Berlin: Springer Vieweg, 2012

[118] PAPAIOANNOU, Georgios; JERRELIND, Jenny; DRUGGE, Lars: Multi-Objective Optimisation of Tyre and Suspension Parameters during Cornering for Different Road Roughness Profiles. In: *Applied Sciences* 11 (2021), Nr. 5934, S. 1–20

[119] PASSEK, Jens: *Straßengebundener Fahrsimulator*. Aachen, RWTH Aachen, Dissertation, 2007

[120] Peicheng, Shi; Zengwei, Xu; Kefei, Wang; Rongyun, Zhang; Ping, Xiao: Hard point parameter optimization of a wheel-hubdriven electric vehicle suspension based on a three-step screening method. In: *International Journal on Interactive Design and Manufacturing (IJIDeM)* 15 (2021), Nr. 4, S. 681–694

[121] Peick, Conor: *Automotive Design Challenges and the power of MBSE.* 2022. – URL `https://blogs.sw.siemens.com/thought-leadership/2022/11/23/automotive-design-challenges-and-the-power-of-mbse`. – Zugriffsdatum: 2024-08-11

[122] Peng, Hu; Xiao, Wenhui; Han, Yupeng; Jiang, Aiwen; Xu, Zhenzhen; Li, Mengmeng; Wu, Zhijian: Multi-strategy firefly algorithm with selective ensemble for complex engineering optimization problems. In: *Applied Soft Computing* 120 (2022), Nr. 108634, S. 1–27

[123] Peters, Yannik: *Ein Beitrag zur Entwicklung eines zentralen Fahrwerkreglers.* Duisburg - Essen, Universität Duisburg-Essen, Dissertation, 2020

[124] Pfeffer, Peter E.; Harrer, Manfred: *Lenkungshandbuch: Lenksysteme, Lenkgefühl, Fahrdynamik von Kraftfahrzeugen.* 2. Wiesbaden: Springer Vieweg, 2013

[125] Pohl, Klaus; Broy, Manfred; Daembkes, Heinrich; Hönninger, Harald: *Advanced Model-Based Engineering of Embedded Systems.* Cham: Springer, 2016

[126] Puls, Thomas; Olle, Werner; Proff, Heike; Falck, Oliver; Czernich, Nina; Koenen, Johannes; Herrmann, Florian; Beinhauer, Wolfgang; Reindl, Stefan; Wottge, Alexander; Zitzelsberger, Roman; Horstmeier, Ilka; Enkel, Ellen; Kinkel, Maxime; Neuberger, Karsten; Heuss, Ruth; Möller, Timo: Strukturwandel in der Automobilindustrie – wirkt die Pandemie als Beschleuniger? In: *ifo Schnelldienst* 74 (2021), Nr. 5, S. 3–35

[127] Qin, Yechen; Wang, Zhenfeng; Xiang, Changle; Dong, Mingming; Hu, Chuan; Wang, Rongrong: A novel global sensitivity analysis on the

observation accuracy of the coupled vehicle model. In: *Vehicle System Dynamics* 57 (2019), Nr. 10, S. 1445–1466

[128] Raabe, Justus; Fontana, Fabian; Neubeck, Jens; Wagner, Andreas: Method for the Determination of Objective Evaluation Criteria Using the Example of Combined Dynamics. In: Bargende, Michael (Hrsg.); Reuss, Hans-Christian (Hrsg.); Wagner, Andreas (Hrsg.): *22. Internationales Stuttgarter Symposium.* Wiesbaden: Springer, 2022, S. 427–442

[129] Raabe, Justus; Fontana, Fabian; Neubeck, Jens; Wagner, Andreas: Contribution to the Objective Evaluation of Combined Longitudinal and Lateral Vehicle Dynamics in Nonlinear Driving Range. In: *SAE International Journal of Vehicle Dynamics, Stability, and NVH* 7 (2023), Nr. 4, S. 1–22

[130] Raabe, Justus; Fontana, Fabian; Neubeck, Jens; Wagner, Andreas: Virtual Methods for the Consistent Development of Combined Vehicle Dynamics. In: Kulzer, André C. (Hrsg.); Reuss, Hans-Christian (Hrsg.); Wagner, Andreas (Hrsg.): *2024 Stuttgart International Symposium on Automotive and Engine Technology.* Wiesbaden: Springer, 2024, S. 394–415

[131] Radspieler, Matthias: *Entwicklung eines um den Antrieb erweiterten Fahrdynamikmodells für die kombinierte Längs- und Querdynamik.* München, Hochschule München, Masterarbeit, 2022

[132] Rasmussen, Carl E.; Williams, Christopher K. I.: *Gaussian Processes for Machine Learning.* Cambridge: The MIT Press, 2005

[133] Riedel, Andreas; Arbinger, Roland: *Subjektive und objektive Beurteilung des Fahrverhaltens von PKW*

[134] Rompe, Klaus; Heissing, Bernd: *Objektive Testverfahren für die Fahreigenschaften von Kraftfahrzeugen: Quer- u. Längsdynamik.* Köln: Verlag TÜV Rheinland, 1984 (Fahrzeugtechnische Schriftenreihe)

[135] Röski, Karsten: *Eine Methode zur simulationsbasierten Grundauslegung von PKW-Fahrwerken mit Vertiefung der Betrachtungen zum Fahrkomfort.* München, Technische Universität München, Dissertation, 2012

[136] Rothhämel, Malte; IJkema, Jolle; Drugge, Lars: On the correlation between steering feel and handling in heavy trucks. In: *FISITA World Automotive Congress 2008, Congress Proceedings - Mobility Concepts, Man Machine Interface, Process Challenges, Virtual Reality*, 2008, S. 311–317

[137] Rubio, Francisco; Llopis-Albert, Carlos; Valero, Francisco; Besa, Antonio J.: Sustainability and optimization in the automotive sector for adaptation to government vehicle pollutant emission regulations. In: *Journal of Business Research* 112 (2020), S. 561–566

[138] Salkind, Neil: *Encyclopedia of Research Design*. Thousand Oaks, California: SAGE Publications, Inc., 2010

[139] Saltelli, Andrea: *Sensitivity analysis in practice: A guide to assessing scientific models*. Hoboken NJ: John Wiley & Sons, 2004

[140] Saltelli, Andrea: *Global sensitivity analysis. The primer*. Chichester England and Hoboken NJ: John Wiley & Sons, 2008

[141] Saltelli, Andrea; Andres, T. H.; Homma, T.: Sensitivity analysis of model output. Performance of the iterated fractional factorial design method. In: *Computational Statistics & Data Analysis* 20 (1995), Nr. 4, S. 387–407

[142] Saltelli, Andrea; Annoni, Paola; Azzini, Ivano; Campolongo, Francesca; Ratto, Marco; Tarantola, Stefano: Variance based sensitivity analysis of model output. Design and estimator for the total sensitivity index. In: *Computer Physics Communications* 181 (2010), Nr. 2, S. 259–270

[143] Sarrazin, Fanny; Pianosi, Francesca; Wagener, Thorsten: Global Sensitivity Analysis of environmental models: Convergence and validation. In: *Environmental Modelling & Software* 79 (2016), S. 135–152

[144] Savaia, Gianluca; Sohn, Youngil; Formentin, Simone; Panzani, Giulio; Corno, Matteo; Savaresi, Sergio M.: Experimental automatic calibration of a semi-active suspension controller via Bayesian Optimization. In: *Control Engineering Practice* 112 (2021), Nr. 104826, S. 1–12

[145] Schade, Konrad: *Stochastische Optimierung: Bestandsoptimierung in Mehrstufigen Lagernetzwerken.* Wiesbaden: Springer Vieweg, 2012 (Stochastic Programming)

[146] Schalz, J.-P.; Duhr, A.; Marusic, Z.: Subjektiv – objektiv Korrelation fahrdynamischer Größen in der Praxis. In: Becker, Klaus (Hrsg.): *Subjektive Fahreindrücke sichtbar machen II.* Renningen: Expert Verlag, 2002, S. 51–65

[147] Scharfenbaum, Ingo: *Funktionale Grundauslegung von Fahrwerkregelsystemen in der frühen Entwicklungsphase.* Dresden, Technische Universität Dresden, Dissertation, 2016

[148] Schäuffele, Jörg; Zurawka, Thomas: *Automotive Software Engineering.* Wiesbaden: Springer Vieweg, 2016

[149] Scheffmann, Marco: *Ein selbstlernender Optimierungsalgorithmus zur virtuellen Steuergeräteapplikation.* Stuttgart, Universität Stuttgart, Dissertation, 2023

[150] Schimmel, Christian: *Entwicklung eines fahrerbasierten Werkzeugs zur Objektivierung subjektiver Fahreindrücke.* München, Technische Universität München, Dissertation, 2010

[151] Schlüter, Marco: *Objektivierung des subjektiven Insassenempfindens bei längsdynamischen Beschleunigungsmanövern.* Stuttgart, Universität Stuttgart, Dissertation, 2022

[152] Schmidt, Henrik; Büttner, Kay; Prokop, Günther: Methods for Virtual Validation of Automotive Powertrain Systems in Terms of Vehicle Drivability—A Systematic Literature Review. In: *IEEE Access* 11 (2023), S. 27043–27065

[153] Schmitt, Marc C.; Pischinger, Stefan: Trends and Challenges in Mobility and Transportation. In: Grote, Karl-Heinrich (Hrsg.); Hefazi, Hamid (Hrsg.): *Springer Handbook of Mechanical Engineering.* Cham: Springer, 2021, S. 995–1014

[154] Schulze, Sven-Olaf; Steffen, Daniel; Wibbing, Philipp; Wigger, Tobias: *Digitalisierung der Produktentstehung – Die Automobilindustrie im Umbruch*. Büren: UNITY AG, 2017

[155] Schumacher, Axel: *Optimierung mechanischer Strukturen: Grundlagen und industrielle Anwendungen*. 3. Berlin: Springer Vieweg, 2020

[156] Schünemann, Martin: *Konzeption, Entwicklung und Umsetzung einer Fahrdynamikregelung für Kraftfahrzeuge mit elektrischen Einzelradantrieben*. Magdeburg, Otto-von-Guericke-Universität Magdeburg, Dissertation, 2017

[157] Schwartz, E.: *Erkennung und Regelung querdynamisch kritischer Fahrzustände bei der Kurvenfahrt von Pkw*. Braunschweig, Technische Universität Carolo-Wilhelmina zu Braunschweig, Dissertation, 1990

[158] Schweers, Tilo F.; Wallentowitz, Henning; Röth, Harald: Proposal for Testing and Rating of Traction and Stability Control Systems. In: *Vehicle System Dynamics* 26 (1996), Nr. 2, S. 117–126

[159] Shahriari, Bobak; Swersky, Kevin; Wang, Ziyu; Adams, Ryan P.; Freitas, Nando de: Taking the Human Out of the Loop: A Review of Bayesian Optimization. In: *Proceedings of the IEEE* 104 (2016), Nr. 1, S. 148–175

[160] Siebertz, Karl; van Bebber, David; Hochkirchen, Thomas: *Statistische Versuchsplanung*. Berlin, Heidelberg: Springer, 2017

[161] Simmermacher, Daniel: *Objektive Beherrschbarkeit von Gierstörungen in Bremsmanövern*. Darmstadt, Technische Universität Darmstadt, Dissertation, 2013

[162] Snoek, Jasper; Larochelle, Hugo; Adams, Ryan P.: *Practical Bayesian Optimization of Machine Learning Algorithms*. 2012. – URL `https://arxiv.org/abs/1206.2944`. – Zugriffsdatum: 2024-03-25

[163] Sobol, Ilya M.: On the distribution of points in a cube and the approximate evaluation of integrals. In: *USSR Computational Mathematics and Mathematical Physics* 7 (1967), Nr. 4, S. 86–112

[164] Sobol, Ilya M.: Sensitivity Estimates for Nonlinear Mathematical Models. In: *Mathematical Modelling and Computational Experiments* (1993), Nr. 4, S. 407–414

[165] Stamer, Norbert: *Ermittlung optimaler PKW-Querdynamik und ihre Realisierung durch Allradlenkung*. Braunschweig, Technische Universität Carolo-Wilhelmina zu Braunschweig, Dissertation, 1997

[166] Strasser, Sebastian: *Konzeptauswahl und Potentialbewertung einer neuartigen elektronisch geregelten Antriebsmomentenverteilung*. Aachen, RWTH Aachen, Dissertation, 2013

[167] Tao, Ran; Meng, Zeng; Zhou, Huanlin: A self-adaptive strategy based firefly algorithm for constrained engineering design problems. In: *Applied Soft Computing* 107 (2021), Nr. 107417, S. 1–21

[168] Tao, Ran; Yang, Xiaomeng; Zhou, Huanlin; Meng, Zeng: Shape and Size Optimization of Truss Structures under Frequency Constraints Based on Hybrid Sine Cosine Firefly Algorithm. In: *Computer Modeling in Engineering & Sciences* 134 (2023), Nr. 1, S. 405–428

[169] Tey, Jing Y.; Ramli, Rahizar; Abdullah, Ahmad S.: A new multi-objective optimization method for full-vehicle suspension systems. In: *Journal of Automobile Engineering* 230 (2016), Nr. 11, S. 1443–1458

[170] Trzesniowski, Michael: Fahrwerk. In: Trzesniowski, Michael (Hrsg.): *Handbuch Rennwagentechnik* Bd. 4. Wiesbaden: Springer Vieweg, 2019

[171] Ubben, Paul T.: *Entwicklung eines Konzepts zur robusten Optimierung von neuen Fahrwerksarchitekturen*. Cottbus-Senftenberg, Brandenburgische Technische Universität Cottbus-Senftenberg, Dissertation, 2017

[172] van de Sand, Andreas: *Zum Traktionsverhalten frontgetriebener Pkw bei beschleunigter Kurvenfahrt*. Aachen, RWTH Aachen, Dissertation, 2007

[173] van Zanten, Anton T.: *Evolution of Electronic Control Systems for Improving the Vehicle Dynamic Behavior*

[174] Vignati, Michele; Sabbioni, Edoardo; Cheli, Frederico: A Torque Vectoring Control for Enhancing Vehicle Performance in Drifting. In: *Electronics* 7 (2018), Nr. 394, S. 1–18

[175] VIGNATI, Michele; SABBIONI, Edoardo; TARSITANO, Davide; CHELI, Frederico: Electric powertrain layouts analysis for controlling vehicle lateral dynamics with torque vectoring. In: *2017 International Conference of Electrical and Electronic Technologies for Automotive*, 2017, S. 1–5

[176] VOSTEEN, K.: Ein Realtool zur Fahrwerkentwicklung. In: PISCHINGER, Stefan (Hrsg.): *17. Aachener Kolloquium für Fahrzeug- und Motorentechnik*, 2008, S. 1573–1591

[177] WAGNER, Andreas: Potentials of virtual chassis development. In: *14. Internationales Stuttgarter Symposium* (2014), S. 535–547

[178] WANG, Gaige; GUO, Lihong; DUAN, Hong; LIU, Luo; WANG, Heqi: A Modified Firefly Algorithm for UCAV Path Planning. In: *International Journal of Hybrid Information Technology* 5 (2012), Nr. 3, S. 123–144

[179] WASCHLE, Moritz; BEHRENDT, Matthias; XING, Kangning; SHI, Hanwen; ALBERS, Albert: Contract-based methods and activities in the validation of interfaces for System of Systems. In: *16th International Conference of System of Systems Engineering (SoSE)* (2021), S. 102–107

[180] WEBER, Julian: *Automotive Development Processes*. Berlin, Heidelberg: Springer, 2009

[181] WEBER, Marcus; RÖMER, Michael; KREICHGAUER, Felix; WERNER, Sebastian: *A guide to model-based systems engineering*. 2022. – URL `https://www.kearney.com/service/digital-analytics/digital/article/a-guide-to-model-based-systems-engineering`. – Zugriffsdatum: 2024-03-12

[182] WEIN, Michael J.: *Konzeption eines elektrifizierten Allradantriebs für ein Plug-In Hybridfahrzeug*. Aachen, RWTH Aachen, Dissertation, 2015

[183] WIMMLER, Jens; SCHRAMM, Dieter; WAHLE, Martin; ZIMMERMANN, Markus: Concurrent design of vehicle tires and axles. In: PFEFFER, Peter E. (Hrsg.): *6th International Munich Chassis Symposium 2015 - chassis.tech plus*, Springer Vieweg, 2015, S. 839–851

[184] WINNER, Hermann; BARTHENHEIER, Thomas; FECHER, Norbert; LUH, S.: Fahrversuche mit Probanden zur Funktionsbewertung von aktuellen und zukünftigen Fahrerassistenzsystemen. In: LANDAU, Kurt (Hrsg.); WINNER, Hermann (Hrsg.): *Fahrversuche mit Probanden - Nutzwert und Risiko: Darmstädter Kolloquium Mensch & Fahrzeug*. Düsseldorf: VDI Verlag, 2003, S. 1–25

[185] WINNER, Hermann (Hrsg.); PROKOP, Günther (Hrsg.); MAURER, Markus (Hrsg.): *Automotive Systems Engineering II*. Cham: Springer, 2018

[186] WOO, Seunghoon; HA, Yunchul; YOO, Jinwoo; JOSA, Esteve; SHIN, Donghoon: Chassis Design Target Setting for a High-Performance Car Using a Virtual Prototype. In: *Applied Sciences* 13 (2023), Nr. 844, S. 1–16

[187] XU, Nan; ZHOU, Jianfeng; LI, Xiaoyu; LI, Fei: Analysis of the Effect of Inflation Pressure on Vehicle Handling and Stability under Combined Slip Conditions Based on the UniTire Model. In: *SAE International Journal of Vehicle Dynamics, Stability, and NVH* 5 (2021), Nr. 3, S. 259–277

[188] YANG, Xin-She: *Nature-Inspired Optimization Algorithms*. Elsevier, 2014

[189] YANG, Xin-She: *Nature-Inspired Optimization Algorithms: Appendix B: Matlab Programs*. Elsevier, 2014

[190] YANG, Xin-She (Hrsg.): *Studies in Computational Intelligence*. Bd. 744: *Nature-Inspired Algorithms and Applied Optimization*. Cham: Springer, 2018

[191] ZARE, Amir; MICHELS, Kai; RATH-MAIA, Lucas; ZIMMERMANN, Markus: On the design of actuators and control systems in early development stages. In: *8th International Munich Chassis Symposium* (2017), S. 337–352

[192] ZERAOULIA, Mounir; BENBOUZID, Mohamed El H.; DIALLO, Demba: Electric Motor Drive Selection Issues for HEV Propulsion Systems: A Comparative Study. In: *IEEE Transactions on Vehicular Technology* 55 (2006), Nr. 6, S. 1756–1764

[193] Zha, Yunfei; Quan, Xiaoyu; Ma, Fangwu; Liu, Guoqing; Yu, Miao: Stability Control for a Four-Wheel-Independent-Drive Electric Vehicle Based on Model Predictive Control. In: *SAE International Journal of Vehicle Dynamics, Stability, and NVH* 5 (2021), Nr. 2, S. 191–204

[194] Zhang, Lipeng; Zhang, Silong; Zhang, Wei: Multi-objective optimization design of in-wheel motors drive electric vehicle suspensions for improving handling stability. In: *Journal of Automobile Engineering* 233 (2019), Nr. 8, S. 2232–2245

[195] Zimmermann, Markus; Hoessle, Johannes E. von: Computing solution spaces for robust design. In: *International Journal for Numerical Methods in Engineering* (2012), S. 1–29

Anhang

A.1 Technische Daten Referenzfahrzeug

In der nachfolgenden Tabelle A1.1 sind die wesentlichen technischen Daten des zur Identifikation objektiver Bewertungskriterien in Kapitel 3 genutzten Referenzfahrzeugs aufgeführt.

Tabelle A1.1: Technische Daten des Referenzfahrzeugs für die Identifikation objektiver Bewertungskriterien

Eigenschaft	Wert
Leergewicht	2930 kg
Systemleistung	370 kW
Maximales Systemdrehmoment	970 N m
Antriebsart	Allradantrieb
Getriebe	1-Gang, Automatik
Radstand	2,93 m
Spurweite Vorderachse	1,68 m
Spurweite Hinterachse	1,68 m
Achskonzept Vorderachse	Mehrlenker
Achskonzept Hinterachse	Mehrlenker

A.2 Subjektivbewertungsbogen

Tabelle A2.1 zeigt den in Kapitel 3 zur subjektiven Bewertung der Fahrdynamik bei angetriebener Kurvenfahrt genutzten Bewertungsbogen.

J. Raabe, *Methoden zur durchgängigen virtuellen Eigenschaftsentwicklung von Fahrzeugen hinsichtlich kombinierter Längs- und Querdynamik*,
Wissenschaftliche Reihe Fahrzeugtechnik Universität Stuttgart,
https://doi.org/10.1007/978-3-658-50210-2

Tabelle A2.1: Bewertungsbogen für die subjektive Bewertung der Fahrdynamik bei angetriebener Kurvenfahrt

Bewertungsitem	**Fahrzeug-variante**	**Bewertung** (−5... + 5)	**Skalenendwerte**
Kursführung *Kursabweichung infolge der Fahrpedalbetätigung*	Referenz	0	5: geringe Kurs-abweichung -5: hohe Kursabweichung
	TV gering		
	TV hoch		
	AMV front		
	AMV gleich		
	AMV heck		
Fahrstabilität *Regelaufwand zur Erhaltung eines sicheren Fahrzustands*	Referenz	0	5: hohe Fahrstabilität -5: geringe Fahrstabilität
	TV gering		
	TV hoch		
	AMV front		
	AMV gleich		
	AMV heck		
Eigenlenkverhalten *Intensität des Über- oder Untersteuerns beim Beschleunigen*	Referenz	0	5: stark übersteuernd -5: stark untersteuernd
	TV gering		
	TV hoch		
	AMV front		
	AMV gleich		
	AMV heck		
Traktion *Höhe der resultierenden Längsbeschleunigung infolge der Fahrpedalbetätigung*	Referenz	0	5: hohe Traktion -5: geringe Traktion
	TV gering		
	TV hoch		
	AMV front		
	AMV gleich		
	AMV heck		

A.3 Validierung der identifizierten objektiven Kriterien

Zur Überprüfung der Eignung der in Kapitel 3 identifizierten Bewertungskriterien K_{KF}, K_{FS} und K_{EV} wird eine weitere verkürzte Fahrversuchsstudie durchgeführt. Aufbau, Durchführung und Ergebnisse der Studie sind im Folgenden beschrieben. Die Validierung des Kriteriums K_{TR} ist kein Bestandteil der Studie, da die Ergebnisse der Fahrversuchsstudie aus Kapitel 3.5 die Eignung des Kennwerts bereits mit ausreichender statistischer Sicherheit bestätigen.

Die Validierungsstudie entspricht einer verkürzten Variante der in Kapitel 3.4 beschriebenen Fahrversuchsstudie. Für die Studie werden drei Varianten eines sportlichen Fahrzeugs der Kompaktklasse mit verbrennungsmotorischem Antrieb generiert. Die wesentlichen technischen Daten des Basisfahrzeugs sind in Tabelle A3.1 aufgeführt. Das Fahrzeug verfügt über ein aktives Hinterachsdifferential, welches eine variable Verteilung des Antriebsmoments zwischen den Hinterrädern ermöglicht (Torque Vectoring). Weiterhin verfügt das Fahrzeug über die Fahrmodi *Standard*, *Sport* und *Drift*, die durch entsprechende Ansteuerung des Hinterachsdifferentials unterschiedliche fahrdynamische Eigenschaften realisieren. Diese Fahrmodi bilden die Grundlage für die Generierung der gleichnamiger Fahrzeugvarianten.

Tabelle A3.1: Technische Daten des Fahrzeugs für die Validierung der identifizierten objektiven Bewertungskriterien

Eigenschaft	Wert
Leergewicht	1645 kg
Systemleistung	294 kW
Maximales Systemdrehmoment	500 N m
Antriebsart	Allradantrieb
Getriebe	7-Gang, Automatik
Radstand	2,63 m
Spurweite Vorderachse	1,59 m
Spurweite Hinterachse	1,52 m
Achskonzept Vorderachse	MacPherson-Federbein
Achskonzept Hinterachse	Vierlenker

Für die Ermittlung von Open-loop (OL)-Werten der Kriterien K_{KF}, K_{FS} und K_{EV} werden die Manöver PONC4040 und PONC7560 mit allen Fahrzeugvarianten durchgeführt. Auf die Ermittlung von Closed-loop (CL)-Werten wird im Rahmen der Validierungsstudie verzichtet. Die subjektive Eigenschaftsbewertung folgt dem in Kapitel 3.4 beschriebenen Vorgehen, wobei lediglich die Eigenschaften Kursführung, Fahrstabilität und Eigenlenkverhalten bewertet werden. Hierzu kommt der in Tabelle A2.1 gezeigte Subjektivbewertungsbogen zum Einsatz. Das Probandenkollektiv umfasst drei erfahrene Fahrende.

Die Überprüfung der Eignung der objektiven Kriterien erfolgt auf Basis der grafischen Auswertung von Zusammenhängen zwischen Kennwerten und Subjektivurteilen. Auf eine Berechnung von Korrelationskoeffizienten wird aufgrund der geringen Anzahl an Datenpunkten (korrespondierend zur Anzahl an Fahrzeugvarianten) verzichtet. Abbildungen A3.1, A3.2 und A3.3 zeigen die Zusammenhänge zwischen den Kriterien K_{KF}, K_{FS} sowie K_{EV} und den korrespondierenden Subjektivurteilen für das mittlere Querbeschleunigungsniveau (PONC4040) sowie für die hohe initiale Querbeschleunigung (PONC7560). Neben den Werten der Kriterien und der Subjektivurteile sind in den Abbildungen Regressionsgeraden für den Zusammenhang zwischen den Datensätzen dargestellt.

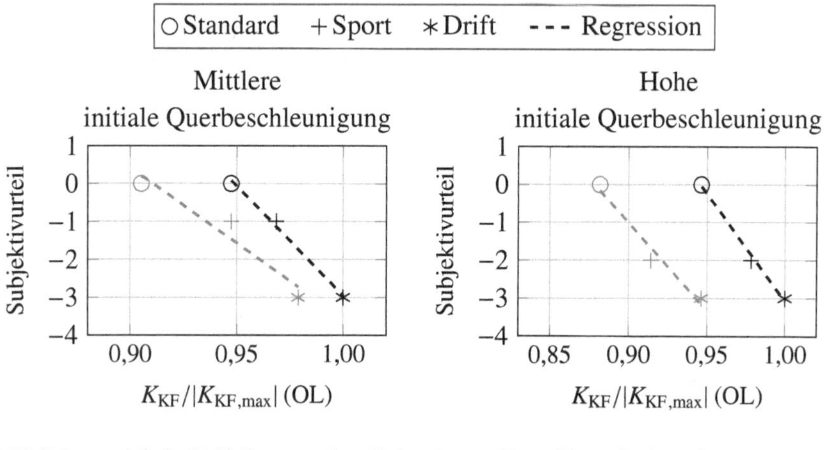

Abbildung A3.1: Validierung des Kriteriums K_{KF} (Korrelation Open-loop (OL)-Werte und Subjektivurteile, Intervall $[v_{h,0} \ldots v_{h,0} + 10\,\text{km/h}]$ in schwarz, $[v_{h,0} \ldots v_{h,0} + 20\,\text{km/h}]$ in grau)

Abbildung A3.1 zeigt, dass ein annähernd linearer Zusammenhang zwischen den Werten des Kriteriums K_{KF} und den Subjektivurteilen besteht. Die Auswertungen im Rahmen der Kennwertidentifikation in Kapitel 3.5 zeigen ähnliche Zusammenhänge zwischen der objektiven und subjektiven Bewertung auf. Jedoch unterscheiden sich die Vorzeichen der in den Abbildungen 3.6 und A3.1 gezeigten korrelativen Zusammenhänge. Diese Erkenntnis deutet darauf hin, dass bezüglich des Kriteriums K_{KF} ein Optimum besteht. Sowohl hohe als auch niedrige Werte des Kriteriums korrespondieren mit einer hohen Kursabweichung.

Diese Erkenntnis kann anhand der Definition der Referenzquerbeschleunigung in Gl. 3.3 nachvollzogen und mit üblichen Zielen der Kursführung begründet werden. Die Referenzquerbeschleunigung ist die Querbeschleunigung, die ein Fahrzeug mit ideal neutralem Eigenlenkverhalten bei einer Änderung der Fahrgeschwindigkeit bei Kreisfahrt erzielt. Neutrales Eigenlenkverhalten bedeutet in diesem Zusammenhang das der Bahnradius der Kreisfahrt unabhängig von der Fahrgeschwindigkeit (bei gleichbleibendem Lenkradwinkel) konstant bleibt. Demnach zeigen Werte des Verhältnisses $a_y/a_{y,\mathrm{Ref}}$ größer eins eine Verringerung des Kreisbahnradius infolge der Geschwindigkeitserhöhung an. Werte kleiner eins signalisieren hingegen eine Zunahme des Kreisbahnradius. Üblicherweise wird bei der Fahrzeugentwicklung ein Fahrverhalten angestrebt, bei dem sich der Bahnradius infolge einer Geschwindigkeitserhöhung wenig ändert, sodass der eingestellte Lenkradwinkel beibehalten werden kann. Folglich besteht ein Optimum hinsichtlich des Kriteriums K_{KF} nahe dem Wert eins. Es ist anzumerken, dass die Ziele hinsichtlich der Kursführung zwischen Fahrzeugherstellern variieren können. Unabhängig vom Zielverhalten kann geschlussfolgert werden, dass ein Zusammenhang zwischen dem Kriterium K_{KF} und der Kursführung besteht. Somit wird die Eignung von K_{KF} als objektives Kriterium der Kursführung durch die Validierungsstudie bestätigt.

In Abbildung A3.2 sind die Zusammenhänge zwischen den Werten des objektiven Kriteriums K_{FS} und den subjektiven Bewertungen der Fahrstabilität dargestellt. Die dargestellte Regressionsgerade weist einen hohen Anpassungsgrad auf und deutet damit auf eine signifikante Korrelation zwischen den Werten des objektiven Kriteriums und den Subjektivurteilen hin.

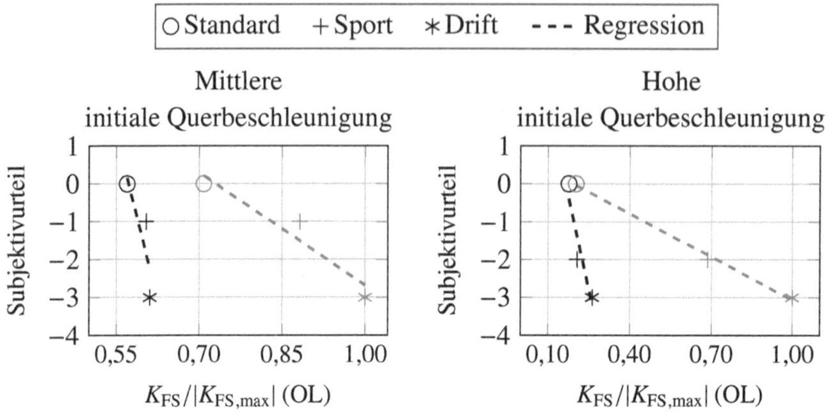

Abbildung A3.2: Validierung des Kriteriums K_{FS} (Korrelation Open-loop (OL)-Werte und Subjektivurteile, Intervall $[v_{h,0} \ldots v_{h,0} + 10\,\mathrm{km/h}]$ in schwarz, $[v_{h,0} \ldots v_{h,0} + 20\,\mathrm{km/h}]$ in grau)

Gemäß Abbildung A3.2 korrespondieren hohe Werte des Kriteriums K_{FS} mit einem als instabil empfundenen Fahrverhalten. Hingegen stehen geringe Werte des Kennwerts mit einem stabilen Fahrverhalten in Verbindung. Diese Beobachtungen stimmen mit den Ergebnissen der Korrelationsanalyse in Kapitel 3.5 sowie den Erkenntnissen aus der Literatur überein [16, 62]. Folglich bestätigen die Ergebnisse der Validierungsstudie die Eignung von K_{FS} als objektives Bewertungskriterium der Fahrstabilität.

Hinsichtlich des Eigenlenkverhaltens sind ebenfalls signifikante Korrelationen zwischen dem objektiven Kriterium und den Subjektivurteilen nachweisbar. In Übereinstimmung mit den Korrelationsergebnissen aus Kapitel 3.5 zeigt Abbildung A3.3, dass geringe Werte des Kriteriums K_{EV} mit einem als tendenziell übersteuernd empfundenen Eigenlenkverhalten korrespondieren. Hohe Werte von K_{EV} weisen hingegen auf eine Untersteuertendenz hin. Der hohe Anpassungsgrad der Regressionsgeraden zwischen den Werten des objektiven Kriteriums und den Subjektivurteilen deutet auf eine starke Korrelation hin. Folglich wird auch die Eignung des Kriteriums K_{EV} durch die Validierungsstudie bestätigt.

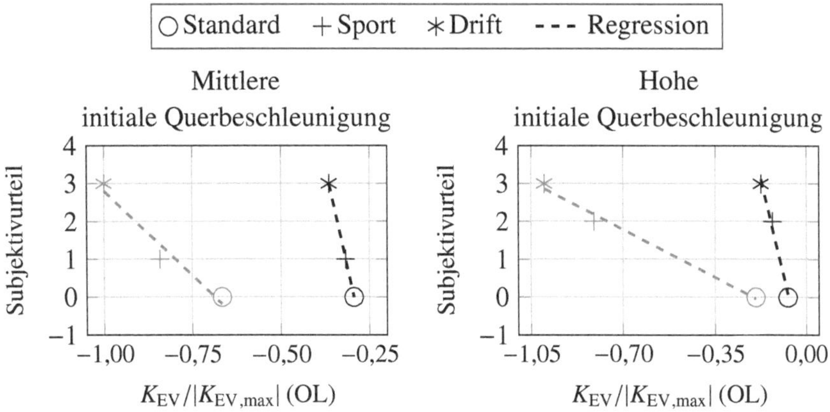

Abbildung A3.3: Validierung des Kriteriums K_{EV} (Korrelation Open-loop (OL)-Werte und Subjektivurteile, Intervall $[v_{h,0} \dots v_{h,0} + 10\,\mathrm{km/h}]$ in schwarz, $[v_{h,0} \dots v_{h,0} + 20\,\mathrm{km/h}]$ in grau)

A.4 Validierung Simulationsmodell für die Fahrdynamikauslegung

Zur Validierung des in Kapitel 4.2 vorgestellten Simulationsmodells werden quantitative Unterschiede zwischen Simulationsergebnissen und Messdaten der Manöver PONC4040 und PONC7560 untersucht. Die Analyse erfolgt auf Basis der objektiven Kriterien aus Tabelle 3.9. Weiterhin werden Abweichungen zwischen Simulation und Messung anhand der Zeitverläufe relevanter Fahrdynamik- und Fahrzeuggrößen analysiert. Zur Generierung der erforderlichen Messdaten werden Fahrversuche mit der Referenzvariante des Oberklasse-SUV aus Kapitel 3.4 durchgeführt.

Derzeit existieren keine Standards für die Validierung von Simulationsmodellen hinsichtlich des PONC-Manövers. Daher erfolgt die Modellvalidierung in Anlehnung an die Normen ISO 19365 und ISO 22140 [76, 80]. In den Normen sind Toleranzen für die prozentuale Abweichung der Werte objektiver Fahrdynamikkriterien zwischen Simulation und Messung definiert. ISO 19365 bezieht sich auf das Manöver Sinus mit Haltezeit, welches vorrangig zur Untersuchung des Fahrzeugverhaltens im fahrdynamischen Grenzbereich genutzt wird [76]. Für die prozentuale Abweichung typischer Bewertungskriterien sind Toleranzen zwischen 15 % und 20 % definiert [76]. Die Norm ISO 22140 gibt eine Toleranz von 15 % für Kennwerte der Manöver Lenkwinkelsprung und Sinuslenken an [80]. Die Validierung erfolgt standardmäßig bis zu einer maximalen Querbeschleunigung von $4\,m/s^2$. Weiterhin sind sechs Wiederholungen des jeweiligen Manövers mit wechselndem Drehsinn der Lenkradbetätigung vorgesehen.

In Anlehnung an die Norm ISO 22140 werden jeweils sechs Wiederholungen der Manöver PONC4040 und PONC7560 mit dem Oberklasse-SUV durchgeführt. Die Aufzeichnung relevanter Messgrößen erfolgt mit einem Messlenkrad, einer satellitengestützten inertialen Messeinheit, Sensoren für Reifendruck und -temperatur sowie fahrzeuginterner Sensorik. Zudem wird das Fahrzeugverhalten in den Manövern mithilfe des untersuchten Simulationsmodells simuliert. Auf Basis der generierten Daten erfolgt die Berechnung prozentualer Abweichungen zwischen Simulation und Messung hinsichtlich der Bewertungskriterien aus Tabelle 3.9. Die mittleren prozentualen Abweichungen sind in Tabelle A4.1 aufgeführt. In der Tabelle sind die Geschwindigkeitsintervalle der Kennwertberechnung $[v_{\mathrm{h,0}} \dots v_{\mathrm{h,0}} + 10\,\mathrm{km/h}]$ und $[v_{\mathrm{h,0}} \dots v_{\mathrm{h,0}} + 20\,\mathrm{km/h}]$ mit den Indizes *v10* und *v20* gekennzeichnet.

Tabelle A4.1 zeigt, dass die mittleren prozentualen Abweichungen zwischen Simulation und Messung i. d. R. innerhalb des Toleranzbereichs der Normen ISO 19365 und ISO 22140 sind. Lediglich hinsichtlich des Kennwerts $K_{\mathrm{EV}}|_{\mathrm{v20}}$ ist eine prozentuale Abweichung größer 15 % zu beobachten. Diese vergleichsweise hohe Abweichung ist u. a. auf die Unsicherheit der Schwimmwinkelschätzung zurückzuführen. Der Schwimmwinkel im Fahrzeugschwerpunkt ist mit dem verwendeten Messequipment nicht direkt messbar und wird daher auf Basis weiterer Fahrdynamikgrößen geschätzt. Diese Schätzung unterliegt Unsicherheiten, die sich auf den Wert der schwimmwinkelbasierten Kennwerte, wie z. B. $K_{\mathrm{EV}}|_{\mathrm{v20}}$, auswirken. Folglich deutet die Abweichung hinsichtlich des Kennwerts $K_{\mathrm{EV}}|_{\mathrm{v20}}$ nicht zwangsläufig auf eine unzureichende Genauigkeit des untersuchten Simulationsmodells hin.

Tabelle A4.1: Mittlere prozentuale Abweichung der objektiven Fahrdynamikkriterien zwischen Simulation und Messung

Manöver	Kriterium	Mittlere prozentuale Abweichung
PONC4040	$K_{KF}\|_{v10}$	1,50 %
	$K_{KF}\|_{v20}$	1,75 %
	$K_{FS}\|_{v10}$	5,84 %
	$K_{FS}\|_{v20}$	8,88 %
	$K_{EV}\|_{v10}$	6,06 %
	$K_{EV}\|_{v20}$	15,39 %
	$K_{TR}\|_{v10}$	1,96 %
	$K_{TR}\|_{v20}$	2,71 %
PONC7560	$K_{KF}\|_{v10}$	2,52 %
	$K_{KF}\|_{v20}$	2,15 %
	$K_{FS}\|_{v10}$	7,36 %
	$K_{FS}\|_{v20}$	16,21 %
	$K_{EV}\|_{v10}$	25,62 %
	$K_{EV}\|_{v20}$	23,47 %
	$K_{TR}\|_{v10}$	5,50 %
	$K_{TR}\|_{v20}$	8,32 %

Hinsichtlich des Manövers PONC7560 sind generell höhere Abweichungen zwischen Simulation und Messung zu beobachten als bezüglich des Manövers PONC4040. Die höheren Abweichungen sind durch die höhere Querbeschleunigung im Manöver PONC7560 zu begründen. Im Bereich hoher Querbeschleunigungen wird das Fahrzeugverhalten deutlich von nichtlinearen Eigenschaften, u. a. des Fahrwerks und der Reifen, beeinflusst. Diese Nichtlinearitäten werden von Simulationsmodellen, wie dem untersuchten Modell, oft vereinfacht abgebildet, weswegen es zu Abweichungen zwischen Simulation und Messung kommen kann. Dennoch sind die prozentualen Abweichungen, mit Ausnahme derer hinsichtlich des Kennwerts $K_{EV}|_{v10}$, im Toleranzbereich der Norm ISO 22140 [80]. Die vergleichsweise hohen Abweichungen hinsichtlich der Kennwerte $K_{EV}|_{v10}$ und $K_{EV}|_{v20}$ sind, wie bereits erläutert, u. a. auf Unsicherheiten der Schwimmwinkelschätzung zurückzuführen.

Im Folgenden wird die Eignung des Simulationsmodells auf Basis der Zeitverläufe von Längsbeschleunigung a_x, Querbeschleunigung a_y und Schwimmwinkel im Fahrzeugschwerpunkt β evaluiert. Zusätzlich erfolgt eine isolierte Validierung des generischen Antriebsmodells auf Grundlage des Motormoments an der Vorderachse $M_{\mathrm{E,v}}$ sowie der Motormomente am kurveninneren $M_{\mathrm{E,h,i}}$ und kurvenäußeren Rad der Hinterachse $M_{\mathrm{E,h,a}}$. Da eine Messung der Radmomente im Rahmen der Fahrversuche nicht möglich ist, werden die simulierten Radmomente unter Berücksichtigung der Übersetzungsverhältnisse in Momente am Energiewandler (EW) umgerechnet. Die Abbildungen A4.1 und A4.2 zeigen das simulierte Fahrzeugverhalten in den Manövern PONC4040 und PONC7560. Weiterhin ist das 95 %-Konfidenzintervall der sechs Wiederholungsmessungen des Fahrversuchs dargestellt. Die Berechnung der Konfidenzintervalle erfolgt auf Basis der Student-t-Verteilung.

Die quantitativen Abweichungen zwischen Simulation und Messung betragen im Mittel weniger als 5 % für die untersuchten Größen. Ausnahmen betreffen den Schwimmwinkel im Fahrzeugschwerpunkt im Manöver PONC4040 sowie die Längsbeschleunigung und das Motormoment am kurvenäußeren Rad im Manöver PONC7560. Für diese Fahrdynamikgrößen und Manöver sind mittlere relative Abweichungen im Bereich von 5 % bis 16 % zu beobachten.

Abbildungen A4.1 und A4.2 zeigen, dass der Motormomentaufbau im Simulationsmodell schneller erfolgt als im realen Fahrzeug. Diese Beobachtung ist auf die Schlupfregelung sowie auf Komfort- und Bauteilschutzfunktionen zurückzuführen, die eine Begrenzung der Geschwindigkeit des Momentaufbaus vorsehen. Weiterhin ist der Effekt der Antriebsschlupfregelung auf das Motormoment u. a. im Manöver PONC7560 zu beobachten. Diese und weitere Regelsystemeinflüsse sind im generischen Antriebsmodells nicht modelliert, da die Regelsystemauslegung kein Anwendungsfall für das Modell ist. Folglich schränken die beobachteten Abweichungen die Eignung des Modells für die fokussierte Anwendung im Rahmen der Fahrdynamikauslegung nicht ein.

Weiterhin weisen die simulierten Motormomente Schwingungen auf, die im realen Fahrzeug nicht auftreten. Diese Beobachtungen sind auf Rotationsschwingungen der beschleunigten Trägheiten von Motor und Getriebe sowie der damit verbundenen Radträgheiten im Modell zurückzuführen, welche aufgrund nicht vorhandener Dämpfungs- und Reibungselemente unzureichend gedämpft sind.

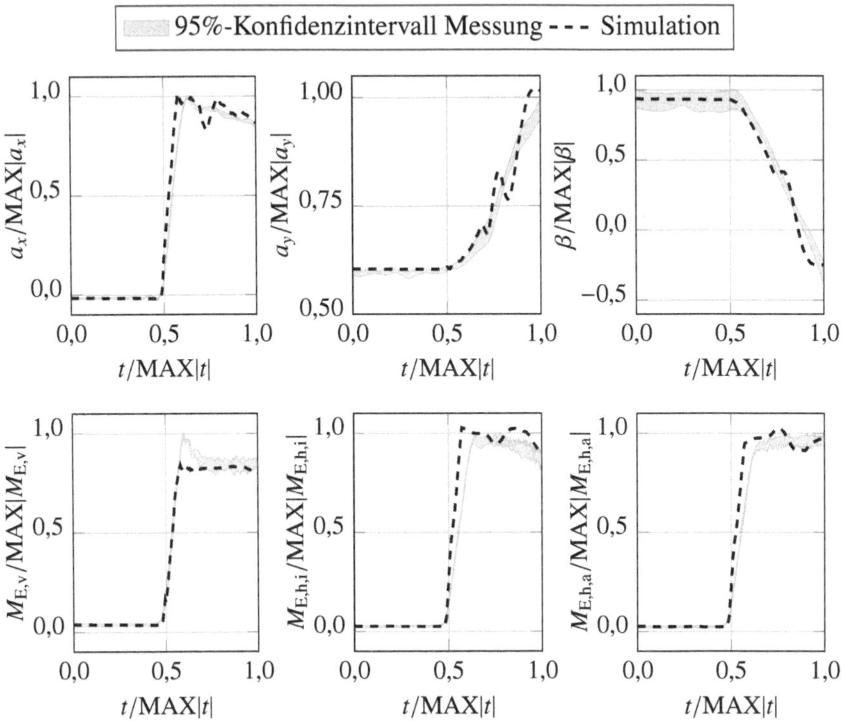

Abbildung A4.1: Validierung Simulationsmodell für Fahrdynamikauslegung (Manöver PONC4040)

Auf eine Einführung entsprechender Dämpfungselemente wird mit Hinblick auf den Anwendungsfokus des Modells verzichtet, da damit eine Erhöhung der Modellkomplexität und der Anzahl an Modellparametern verbunden ist. Weiterhin sind die Werte von Dämpfungsparametern i. d. R. nur versuchstechnisch bestimmbar und damit im Rahmen der Konzeptentwicklung nur bedingt parametrierbar. Die Abweichungen hinsichtlich des Motormoments sind bei der Anwendung des Simulationsmodells zu berücksichtigen.

Zusammenfassend zeigen die Validierungsergebnisse, dass das in Kapitel 4.2 vorgestellte Simulationsmodell eine hinreichende Genauigkeit für die Auslegung der Fahrdynamik bei angetriebener Kurvenfahrt aufweist. Die Abweichun-

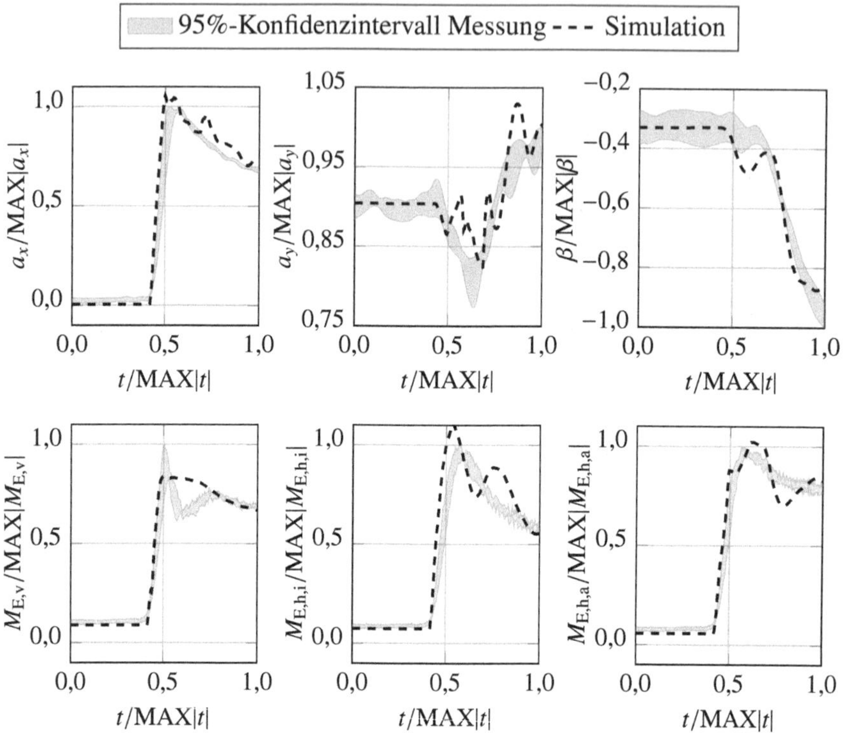

Abbildung A4.2: Validierung Simulationsmodell für Fahrdynamikauslegung (Manöver PONC7560)

gen zwischen Simulation und Messungen liegen, bis auf wenige begründete Ausnahmen, im Toleranzbereich der Normen ISO 19365 und ISO 22140 [76, 80]. Die Abweichungen hinsichtlich der Zeitverläufe relevanter Fahrdynamik- und Fahrzeuggrößen betragen i. d. R. weniger als 5 %.

A.5 Fahrzeugparameter Fahrdynamikauslegung

In Tabelle A5.1 sind die im Rahmen der Sensitivitätsanalyse in Kapitel 4.3 untersuchten Modellparameter der Systeme Fahrwerk, Lenkung und Antrieb aufgeführt. Für jeden Parameter sind das normierte Maximum und Minimum des üblichen Wertebereichs der Fahrzeugentwicklung angegeben. Zur Normierung wird der Mittelwert des Parameterwertebereichs verwendet. Die Datenbasis bildet eine umfassende Konstruktionsdatenbank eines Fahrzeugherstellers. Die linearen Terme der Polynome von Lenkung und Radaufhängung sind nicht in Textform beschrieben, da dies die Länge der Tabelle erheblich steigern würde. Stellvertretend werden die nachfolgend beschriebenen Formelzeichen und Indizes in Anlehnung an die Norm ISO 8855 verwendet [41]. Die Größen x, y und z repräsentieren Verschiebungen des Radmittelpunkts in die Richtung der gleichnamigen Achsen des radfesten Achsensystems. Die Größe δ beschreibt den Radlenkwinkel und γ den Sturzwinkel des Rades. Die Formelzeichen F_x, F_y und F_z stehen für Kräfte am Radmittelpunkt in Richtung der x-, y- und z-Achse des radfesten Achsensystems. Die Größe M_z steht für das Moment um die Hochachse (z-Achse) des Fahrzeugs. Die Indizes v und h kennzeichnen ein Polynom der Vorderachse bzw. Hinterachse. Weiterhin werden folgende Abkürzungen in den Indizes verwendet. Die Abkürzung *Ein* steht für einseitig, *Beid* für beidseitig, *Gleich* für gleichseitig, *Wechsel* für wechselseitig und *Beschl* für Beschleunigung.

Tabelle A5.1: Übersicht zu den im Rahmen der Sensitivitätsanalyse untersuchten Fahrzeugparametern und deren Variationsbereich

Kategorie	**Parameter**	**Min**	**Max**
Geometrie	Radstand l	0,98	1,02
Geometrie	Spurweite Vorderachse b_{v}	0,99	1,01
Geometrie	Spurweite Hinterachse b_{h}	0,99	1,01
Geometrie	Schwerpunkthöhe Fahrzeug z_{SP}	0,97	1,03
Masse	Fahrzeugmasse m_{F}	0,96	1,04
Masse	Ungefederte Fahrzeugmasse m_{U}	0,87	1,13
Masse	Verhältnis von statischer Achslast an Hinterachse zu Fahrzeuggewichtskraft $\lambda_{\mathrm{G,h}}$	0,97	1,03
Trägheit	Wankträgheit des Fahrzeugaufbaus $J_{xx,\mathrm{A}}$	0,93	1,07
Trägheit	Nickträgheit des Fahrzeugaufbaus $J_{yy,\mathrm{A}}$	0,94	1,06
Trägheit	Gierträgheit des Fahrzeugs J_{zz}	0,94	1,06
Trägheit	Trägheitsmoment Vorderräder $J_{\mathrm{R,v}}$	0,91	1,09
Trägheit	Trägheitsmoment Hinterräder $J_{\mathrm{R,h}}$	0,91	1,09

Dämpfer	Dämpferübersetzung Vorderachse $i_{D,v}$	0,96	1,04
Dämpfer	Dämpferübersetzung Hinterachse $i_{D,h}$	0,98	1,02
Dämpfer	Dämpferkraft Vorderachse $F_{D,v}$	0,87	1,13
Dämpfer	Dämpferkraft Hinterachse $F_{D,h}$	0,87	1,13
Federung	Aufbaufederkraft Vorderachse $F_{F,v}$	0,91	1,09
Federung	Aufbaufederkraft Hinterachse $F_{F,h}$	0,91	1,09
Stabilisator	Stabilisatorsteifigkeit Vorderachse $c_{Stab,v}$	0,92	1,08
Stabilisator	Stabilisatorsteifigkeit Hinterachse $c_{Stab,h}$	0,87	1,13
Lenkung	$\left.\frac{\partial\gamma}{\partial\delta}\right\|_{v}$	0,93	1,07
Lenkung	$\left.\frac{\partial x}{\partial\delta}\right\|_{v}$	0,83	1,17
Lenkung	$\left.\frac{\partial y}{\partial\delta}\right\|_{v}$	0,72	1,28
Radaufhängung	Sturzeinstellung Vorderachse $\Delta\gamma_{0,v}$	0,75	1,25
Radaufhängung	Sturzeinstellung Hinterachse $\Delta\gamma_{0,h}$	0,75	1,25
Radaufhängung	Spureinstellung Vorderachse $\Delta\delta_{0,v}$	−0,25	2,25
Radaufhängung	Spureinstellung Hinterachse $\Delta\delta_{0,h}$	0,25	1,75
Radaufhängung	$\left.\frac{\partial\gamma}{\partial z}\right\|_{Gleich,v}$	0,93	1,07
Radaufhängung	$\left.\frac{\partial\gamma}{\partial z}\right\|_{Gleich,h}$	0,93	1,07
Radaufhängung	$\left.\frac{\partial\gamma}{\partial z}\right\|_{Wechsel,v}$	0,93	1,07
Radaufhängung	$\left.\frac{\partial\gamma}{\partial z}\right\|_{Wechsel,h}$	0,93	1,07
Radaufhängung	$\left.\frac{\partial\delta}{\partial z}\right\|_{Gleich,v}$	0,87	1,13
Radaufhängung	$\left.\frac{\partial\delta}{\partial z}\right\|_{Gleich,h}$	0,72	1,28
Radaufhängung	$\left.\frac{\partial\delta}{\partial z}\right\|_{Wechsel,v}$	0,70	1,30
Radaufhängung	$\left.\frac{\partial\delta}{\partial z}\right\|_{Wechsel,h}$	0,60	1,40
Radaufhängung	$\left.\frac{\partial x}{\partial z}\right\|_{Gleich,v}$	−5,21	7,21
Radaufhängung	$\left.\frac{\partial x}{\partial z}\right\|_{Gleich,h}$	0,71	1,29
Radaufhängung	$\left.\frac{\partial y}{\partial z}\right\|_{Gleich,v}$	0,22	1,78
Radaufhängung	$\left.\frac{\partial y}{\partial z}\right\|_{Gleich,h}$	0,67	1,33
Radaufhängung	$\left.\frac{\partial\gamma}{\partial F_x}\right\|_{Beschl,v}$	−2,91	4,91
Radaufhängung	$\left.\frac{\partial\gamma}{\partial F_x}\right\|_{Beschl,h}$	0,50	1,50
Radaufhängung	$\left.\frac{\partial\gamma}{\partial F_y}\right\|_{Beid,v}$	0,94	1,06

Radaufhängung	$\left.\frac{\partial\gamma}{\partial F_y}\right\|_{\mathrm{Beid,h}}$	0,92	1,09
Radaufhängung	$\left.\frac{\partial\gamma}{\partial F_y}\right\|_{\mathrm{Ein,v}}$	0,86	1,14
Radaufhängung	$\left.\frac{\partial\gamma}{\partial F_y}\right\|_{\mathrm{Ein,h}}$	0,48	1,52
Radaufhängung	$\left.\frac{\partial\gamma}{\partial M_z}\right\|_{\mathrm{Beid,v}}$	0,78	1,22
Radaufhängung	$\left.\frac{\partial\gamma}{\partial M_z}\right\|_{\mathrm{Beid,h}}$	0,66	1,34
Radaufhängung	$\left.\frac{\partial\gamma}{\partial M_z}\right\|_{\mathrm{Ein,v}}$	0,76	1,24
Radaufhängung	$\left.\frac{\partial\gamma}{\partial M_z}\right\|_{\mathrm{Ein,h}}$	0,74	1,26
Radaufhängung	$\left.\frac{\partial\delta}{\partial F_x}\right\|_{\mathrm{Beschl,v}}$	0,67	1,33
Radaufhängung	$\left.\frac{\partial\delta}{\partial F_x}\right\|_{\mathrm{Beschl,h}}$	0,44	1,56
Radaufhängung	$\left.\frac{\partial\delta}{\partial F_y}\right\|_{\mathrm{Beid,v}}$	0,78	1,22
Radaufhängung	$\left.\frac{\partial\delta}{\partial F_y}\right\|_{\mathrm{Beid,h}}$	0,84	1,16
Radaufhängung	$\left.\frac{\partial\delta}{\partial F_y}\right\|_{\mathrm{Ein,v}}$	−1,56	3,56
Radaufhängung	$\left.\frac{\partial\delta}{\partial F_y}\right\|_{\mathrm{Ein,h}}$	0,70	1,30
Radaufhängung	$\left.\frac{\partial\delta}{\partial M_z}\right\|_{\mathrm{Beid,v}}$	0,94	1,06
Radaufhängung	$\left.\frac{\partial\delta}{\partial M_z}\right\|_{\mathrm{Beid,h}}$	0,89	1,11
Radaufhängung	$\left.\frac{\partial\delta}{\partial M_z}\right\|_{\mathrm{Ein,v}}$	0,68	1,32
Radaufhängung	$\left.\frac{\partial\delta}{\partial M_z}\right\|_{\mathrm{Ein,h}}$	0,73	1,27
Radaufhängung	$\left.\frac{\partial x}{\partial F_x}\right\|_{\mathrm{Beschl,v}}$	0,91	1,09
Radaufhängung	$\left.\frac{\partial x}{\partial F_x}\right\|_{\mathrm{Beschl,h}}$	0,88	1,12
Radaufhängung	$\left.\frac{\partial y}{\partial F_y}\right\|_{\mathrm{Beid,v}}$	0,52	1,48
Radaufhängung	$\left.\frac{\partial y}{\partial F_y}\right\|_{\mathrm{Beid,h}}$	0,68	1,32
Radaufhängung	$\left.\frac{\partial y}{\partial F_y}\right\|_{\mathrm{Ein,v}}$	0,87	1,13
Radaufhängung	$\left.\frac{\partial y}{\partial F_y}\right\|_{\mathrm{Ein,h}}$	0,88	1,12
Radaufhängung	$\left.\frac{\partial y}{\partial M_z}\right\|_{\mathrm{Beid,v}}$	−0,57	2,57
Radaufhängung	$\left.\frac{\partial y}{\partial M_z}\right\|_{\mathrm{Beid,h}}$	−0,18	2,18

Radaufhängung	$\left.\frac{\partial y}{\partial M_z}\right\|_{\mathrm{Ein,v}}$	0,82	1,18
Radaufhängung	$\left.\frac{\partial y}{\partial M_z}\right\|_{\mathrm{Ein,h}}$	0,39	1,61
Reifen	Reibungskoeffizient in x-Richtung Vorderachse $\mu_{x,\mathrm{v}}$	0,98	1,02
Reifen	Reibungskoeffizient in x-Richtung Hinterachse $\mu_{x,\mathrm{h}}$	0,98	1,02
Reifen	Reibungskoeffizient in y-Richtung Vorderachse $\mu_{y,\mathrm{v}}$	0,98	1,02
Reifen	Reibungskoeffizient in y-Richtung Hinterachse $\mu_{y,\mathrm{h}}$	0,98	1,02
Reifen	Relaxationslänge in x-Richtung Vorderachse $\sigma_{x,\mathrm{v}}$	0,90	1,10
Reifen	Relaxationslänge in x-Richtung Hinterachse $\sigma_{x,\mathrm{h}}$	0,90	1,10
Reifen	Relaxationslänge in y-Richtung Vorderachse $\sigma_{y,\mathrm{v}}$	0,92	1,08
Reifen	Relaxationslänge in y-Richtung Hinterachse $\sigma_{y,\mathrm{h}}$	0,92	1,08
Reifen	Schräglaufsteifigkeit Vorderachse $c_{\alpha,\mathrm{v}}$	0,92	1,08
Reifen	Schräglaufsteifigkeit Hinterachse $c_{\alpha,\mathrm{h}}$	0,92	1,08
Reifen	Änderung Reibungskoeffizient in x-Richtung über Sturzwinkel Vorderachse $\left.\frac{\partial \mu_x}{\partial \gamma}\right\|_{\mathrm{v}}$	0,75	1,25
Reifen	Änderung Reibungskoeffizient in x-Richtung über Sturzwinkel Hinterachse $\left.\frac{\partial \mu_x}{\partial \gamma}\right\|_{\mathrm{h}}$	0,75	1,25
Reifen	Änderung Reibungskoeffizient in x-Richtung über Radlast Vorderachse $\left.\frac{\partial \mu_x}{\partial F_z}\right\|_{\mathrm{v}}$	0,75	1,25
Reifen	Änderung Reibungskoeffizient in x-Richtung über Radlast Hinterachse $\left.\frac{\partial \mu_x}{\partial F_z}\right\|_{\mathrm{h}}$	0,75	1,25
Antrieb	Systemleistung des Fahrzeugs $P_{\mathrm{E,Sys}}$	0,85	1,15
Antrieb	Übersetzungsverhältnis Achsgetriebe an Vorder- bzw. Hinterachse $i_{\mathrm{K,v/h}}$	0,96	1,04

Antrieb	Anteil des Systemdrehmoments an Hinterachse $\lambda_{\mathrm{M,Ant,h}}$	0,00	2,00
Antrieb	Anstiegsbegrenzung Energiewandlermoment $\left.\frac{\partial M_{\mathrm{E,v/h}}}{\partial t}\right\|_{\mathrm{max}}$	0,95	1,05
Antrieb	Proportionalverstärkung TV-Regler V_{TV}	0,75	1,25
Antrieb	Anteil TV-Giermoment an Vorderachse $\lambda_{\mathrm{Mz,TV,v}}$	0,75	1,25
Antrieb	Charakteristische Geschwindigkeit TV-Referenzverhalten $v_{\mathrm{ch,TV}}$	0,95	1,05
Antrieb	Maximale Querbeschleunigung TV-Referenzverhalten $a_{y,\mathrm{max,TV}}$	0,97	1,03
Antrieb	Begrenzung TV-Differenzmoment an Vorderachse $\Delta M_{\mathrm{R,max,v}}$	0,75	1,25
Antrieb	Begrenzung TV-Differenzmoment an Hinterachse $\Delta M_{\mathrm{R,max,h}}$	0,75	1,25

A.6 Erweiterter Firefly-Algorithmus

In diesem Abschnitt werden Eigenschaften des Firefly-Algorithmus (FA) und der in dieser Arbeit genutzten Erweiterungen vorgestellt. Zusätzlich sind die verwendeten Werte der Verfahrensparameter aufgeführt.

Der FA ist ein von Yang entwickelter stochastischer Optimierungsalgorithmus, der von der Schwarmintelligenz und dem Paarungsverhalten von Glühwürmchen inspiriert ist [188]. Jedes Individuum der Glühwürmchen-Population repräsentiert einen Wert der zu optimierenden Funktion f an der Position $\boldsymbol{X}$ im N-dimensionalen Suchraum. Die Attraktivität eines Individuums ist proportional zu dessen Lichtintensität I die im direkten Zusammenhang zum Funktionswert von f steht. Übliche Zusammenhänge zwischen der Lichtintensität eines Individuums und der zu optimierenden Funktion sind für ein Maximierungs- und ein Minimierungsproblem in Gl. A6.1 und Gl. A6.2 gezeigt [188].

$$I(\boldsymbol{X}) = f(\boldsymbol{X}) \qquad \text{Gl. A6.1}$$

$$I(\boldsymbol{X}) = -f(\boldsymbol{X}) \qquad \text{Gl. A6.2}$$

Die Definition der initialen Positionen der Individuen im N-dimensionalen Suchraum erfolgt mit Methoden der statistischen Versuchsplanung. In dieser Arbeit wird eine Sobol-Sequenz zur Erzielung einer homogenen Verteilung der Startpositionen angewandt.

In jedem Iterationsschritt der Optimierung erfolgt eine Bewegung der Individuen in Richtung attraktiverer Individuen gemäß Gl. A6.3. Jede Einzelbewegung setzt sich aus zwei Anteilen zusammen. Das Individuum an Position $\boldsymbol{X}_i$ bewegt sich in Richtung eines Individuums mit höherer Lichtintensität an der Position $\boldsymbol{X}_j$. Zusätzlich sorgt der Term $\alpha\, \boldsymbol{\epsilon}$ für eine zufällige Bewegung im Raum. Das Individuum an Position $\boldsymbol{X}_i$ führt diese Bewegung nacheinander in Richtung aller Individuen mit höherer Lichtintensität aus. Anschließend erfolgt die Bewegung der weiteren Individuen in analoger Weise. Die Koeffizienten der Bewegung gemäß Gl. A6.3 sind nachfolgend erläutert.

$$\boldsymbol{X}_i = \boldsymbol{X}_i + B_{ij}\,(\boldsymbol{X}_j - \boldsymbol{X}_i) + \alpha\,\boldsymbol{\epsilon} \qquad \left(I(\boldsymbol{X}_j) > I(\boldsymbol{X}_i)\right) \qquad \text{Gl. A6.3}$$

Der Attraktivitätsfaktor B_{ij} definiert die Wegamplitude der Bewegung in Richtung eines attraktiveren Individuums. Für die Anwendung in dieser Arbeit wird der Attraktivitätsfaktor nach Tao et al. gemäß Gl. A6.4 verwendet [167].

$$B_{ij} = B_{\mathrm{B}} \left(\mathrm{e}^{-\zeta {\rho_{ij}}^2} + \mathrm{e}^{-\frac{|I(\boldsymbol{X}_i)|}{|I(\boldsymbol{X}_j)|+\varepsilon}} \right) \qquad \text{Gl. A6.4}$$

Der Attraktivitätsfaktor B_{ij} setzt sich aus einem entfernungsabhängigen Anteil und einen vom Verhältnis der Lichtintensitäten der betrachteten Individuen abhängigen Anteil zusammen. Beide Anteile werden mit dem Basis-Attraktivitätsfaktor B_{B} multipliziert. Der entfernungsabhängige Anteil basiert auf dem Lambert-Beerschen Gesetz zur Abnahme der Lichtintensität in einem absorbierenden Medium mit dem Absorptionskoeffizient ζ über die Entfernung ρ_{ij} [188]. Demnach sinkt die Anziehungskraft zwischen zwei Individuen mit zunehmendem Abstand exponentiell. Der Faktor ζ beeinflusst die Stärke der entfernungsbedingten Abnahme der Anziehungskraft. Die Entfernung ρ_{ij} ist angelehnt an TAO et al. und gemäß Gl. A6.5 als quadratisches Mittel der normierten Abstände in allen Raumrichtungen zweier Individuen definiert [168]. Normierungsfaktor ist der Abstand zwischen der oberen $\boldsymbol{X}_{\text{sup}}(k)$ und unteren Grenze $\boldsymbol{X}_{\text{inf}}(k)$ des k-ten Parameters (entspricht einer Dimension des Suchraums). Durch die Normierung werden Abstände in Dimensionen mit unterschiedlichen Längenskalen gleich gewichtet [23]. Die Entfernung ρ_{ij} kann Werte zwischen 0 und 1 annehmen.

$$\rho_{ij} = \sqrt{\frac{1}{N} \sum_{k=1}^{N} \left(\frac{\boldsymbol{X}_j(k) - \boldsymbol{X}_i(k)}{\boldsymbol{X}_{\text{sup}}(k) - \boldsymbol{X}_{\text{inf}}(k)} \right)^2} \qquad \text{Gl. A6.5}$$

Der zweite Term des Attraktivitätsfaktor B_{ij} führt dazu, dass Individuen mit einer höheren Lichtintensität eine stärkere Anziehungskraft ausüben als Individuen mit geringerer Lichtintensität. Auf diese Weise wird die Bewegung der Individuen in Richtung hoher Lichtintensitäten verstärkt. Der Summand ε ist die Maschinengenauigkeit ($\varepsilon \approx 2^{-52}$) und dient zur Vermeidung von Singularitäten bei der Berechnung.

Ziel der zufälligen Bewegung ist die Erkundung des Suchraums, unabhängig von der Position anderer Individuen. Weiterhin ermöglicht der Zufallsterm $\alpha\,\boldsymbol{\epsilon}$ das Entfernen von lokalen Optima, um ein globales Optimum zu erreichen [190]. Hierzu wird ein Vektor mit N zufälligen und gleichverteilten Zahlen $u_{[0,1]}$ zwischen 0 und 1 erzeugt. Zur Berücksichtigung unterschiedlicher Längenskalen der Dimensionen des Suchraums erfolgt die Multiplikation des Zufallsvektor mit dem Vektor der Differenzen der oberen $\boldsymbol{X}_{\text{sup}}$ und unteren Parametergrenzen $\boldsymbol{X}_{\text{inf}}$ gemäß Gl. A6.6.

$$\boldsymbol{\epsilon} = \left((u_{[0,1],1}, \ldots, u_{[0,1],\mathrm{N}}) - 0{,}5 \right)^{\mathsf{T}} \left| \boldsymbol{X}_{\text{sup}} - \boldsymbol{X}_{\text{inf}} \right| \qquad \text{Gl. A6.6}$$

Gemäß TAO et al. sollte zur Gewährleistung der Konvergenz des FA die Wegamplitude der zufälligen Bewegung mit zunehmender Anzahl an Iterationen abnehmen [167]. Hierzu wird der in Gl. A6.7 gezeigte Ansatz gewählt, bei dem sich der Zufallsfaktor α mit zunehmendem Wert des Verhältnisses aus aktueller Iterationsanzahl n zur Gesamtanzahl an Iterationen N_{Iter} verringert [167]. Der Basis-Zufallsfaktor α_{B} definiert den Einfluss des Zufallsterms zu Beginn der Optimierung.

$$\alpha = \alpha_{\mathrm{B}} \left(1 - \mathrm{e}^{-\left(1 - \frac{n}{N_{\mathrm{Iter}}}\right)}\right) \qquad \text{Gl. A6.7}$$

Nach der Aktualisierung der Positionen aller Individuen gemäß Gl. A6.3 erfolgt die Auswertung der Funktion $f(\boldsymbol{X})$ an den aktualisierten Positionen und die Zuweisung entsprechend aktualisierter Lichtintensitäten $I(\boldsymbol{X})$. Anschließend erfolgt die erneute Aktualisierung der Positionen im nachfolgenden Iterationsschritt. Dieser Prozess wird wiederholt, bis eine definierte Anzahl an Iterationen N_{Iter} erreicht ist.

Während der Optimierung werden die identifizierten Optima der Funktion f in der Matrix $\boldsymbol{L}$ gespeichert. Im konkreten Anwendungsfall dieser Arbeit ist ein Optimum durch den Funktionswert $f(\boldsymbol{X}) = 0$ gekennzeichnet. Im Rahmen des in Kapitel 4.4 beschriebenen Zielableitungsverfahrens wird eine hohe Diversität der mithilfe des FA identifizierten Optima angestrebt. Dieses Ziel wird u. a. mit der nachfolgend beschriebenen Erweiterung des Algorithmus erreicht. Diese Erweiterung sorgt dafür, dass sich die Individuen in jeden Iterationsschritt von bereits identifizierten Optima entfernen. Die Bewegung erfolgt dabei gemäß Gl. A6.8, deren Parameter nachfolgend erläutert sind.

$$\boldsymbol{X}_i = \boldsymbol{X}_i - \sum_{q=1}^{N_{\mathrm{L}}} \kappa_{\mathrm{B}}\, \mathrm{e}^{-\xi \rho_{iq}{}^2} \left(\boldsymbol{L}_q - \boldsymbol{X}_i\right) \qquad \text{Gl. A6.8}$$

Die Entfernung von einem bereits identifizierten Optimum $\boldsymbol{L}_q$ gemäß Gl. A6.8 basiert auf den gleichen Prinzipien wie die attraktivitätsgesteuerte Bewegung nach Gl. A6.3. Der Basis-Abstoßungsfaktor κ_{B} bestimmt die Wegamplitude der Entfernung bei einem Abstand $\rho_{iq} = 0$ des Individuums zum Optimum. Mit dem Abstoßungskoeffizienten ξ wird die entfernungsabhängige Abnahme des Abstoßungseffekts beeinflusst. Die Berechnung des Abstands ρ_{iq} eines

Individuums an der Position $\boldsymbol{X}_i$ zum Optimum $\boldsymbol{L}_q$ erfolgt analog zur Berechnung des Abstands zweier Individuen nach Gl. A6.9. Die Bewegungsanteile zur Entfernung von den N_L Optima werden gemäß Gl. A6.8 addiert. Die Entfernungsbewegung erfolgt für alle Individuen einmalig pro Iteration, sofern mindestens ein Optimum der Funktion f identifiziert ist.

$$\rho_{iq} = \sqrt{\frac{1}{N}\sum_{k=1}^{N}\left(\frac{\boldsymbol{L}_q(k) - \boldsymbol{X}_i(k)}{\boldsymbol{X}_{\mathrm{sup}}(k) - \boldsymbol{X}_{\mathrm{inf}}(k)}\right)^2} \qquad \text{Gl. A6.9}$$

Für die Anwendung des erweiterten FA zur Identifikation geeigneter Fahrzeugkonfigurationen gemäß der Beschreibung in Kapitel 4.4 werden die in Tabelle A6.1 aufgeführten Werte der Verfahrensparameter verwendet. Die Festlegung der Parameterwerten beruht auf vorangegangen Anwendungen des FA für technische Problemstellungen sowie eigenen Analysen [10, 14, 46, 59, 98, 122, 167, 167, 168, 178].

Tabelle A6.1: Verfahrensparameter des erweiterten Firefly-Algorithmus

Parameter	Wert
Maximale Anzahl an Iterationen N_Iter	200
Basis-Attraktivitätsfaktor B_B	0,2
Absorptionskoeffizient ζ	350
Basis-Zufallsfaktor α_B	0,3
Basis-Abstoßungsfaktor κ_B	0,3
Abstoßungskoeffizient ξ	250

A.7 Technische Daten der Basisfahrzeuge

In den nachfolgenden Tabellen A7.1, A7.2 und A7.3 sind die wesentlichen technischen Daten der in Kapitel 4.3 im Rahmen der Sensitivitätsanalyse verwendeten Basisfahrzeuge aufgeführt. Die Einordnung in Fahrzeugsegmente erfolgt gemäß der Richtlinie EEC 4064/89 der europäischen Kommission [33].

Tabelle A7.1: Technische Daten Basisfahrzeug 1

Eigenschaft	Wert
Fahrzeugsegment (EU-Segment)	Mittelklasse (C)
Leergewicht	1850 kg
Systemleistung	100 kW
Maximales Systemdrehmoment	330 N m
Antriebsart	Allradantrieb (frontlastig)
Getriebe	1-Gang, Automatik
Radstand	2,63 m
Spurweite Vorderachse	1,54 m
Spurweite Hinterachse	1,50 m
Achskonzept Vorderachse	MacPherson-Federbein
Achskonzept Hinterachse	Verbundlenker

Tabelle A7.2: Technische Daten Basisfahrzeug 2

Eigenschaft	Wert
Fahrzeugsegment (EU-Segment)	Obere Mittelklasse (D)
Leergewicht	2116 kg
Systemleistung	377 kW
Maximales Systemdrehmoment	730 N m
Antriebsart	Allradantrieb (ausgeglichen)
Getriebe	1-Gang, Automatik
Radstand	2,88 m
Spurweite Vorderachse	1,58 m
Spurweite Hinterachse	1,59 m
Achskonzept Vorderachse	Doppelquerlenker
Achskonzept Hinterachse	Doppelquerlenker

Tabelle A7.3: Technische Daten Basisfahrzeug 3

Eigenschaft	Wert
Fahrzeugsegment (EU-Segment)	Oberklasse-SUV (J)
Leergewicht	2600 kg
Systemleistung	370 kW
Maximales Systemdrehmoment	710 N m
Antriebsart	Allradantrieb (hecklastig)
Getriebe	1-Gang, Automatik
Radstand	2,92 m
Spurweite Vorderachse	1,67 m
Spurweite Hinterachse	1,68 m
Achskonzept Vorderachse	Mehrlenker
Achskonzept Hinterachse	Mehrlenker

A.8 Beispielfahrzeugprojekt für Methodenanwendung

Mithilfe der in dieser Arbeit entwickelten Methoden erfolgt die Auslegung einer Fahrzeugplattform für elektrische SUV sowie die Applikation eines darauf basierenden sportlichen Derivats. Für das Fahrzeugderivat gibt es keinen Vorgänger dessen Auslegung oder Applikationsstände übernommen werden können. Weiterhin ist das Fahrzeug im Premium-Segment positioniert.

Die wesentlichen Konzepteigenschaften des sportlichen Fahrzeugderivats sind in Tabelle A8.1 aufgeführt. Zusätzlich sind die Werte der Systemleistung, des Systemdrehmoments sowie der Achsgetriebeübersetzungen angegeben. Diese Werte sind das Ergebnis einer vorangegangen Längsdynamikauslegung.

Tabelle A8.1: Konzeptdaten des Beispielfahrzeugprojekts

Eigenschaft	Wert
Fahrzeugsegment (EU-Segment)	Obere Mittelklasse-SUV (J)
Leergewicht	2360 kg
Antrieb	Elektrisch
Antriebsart	Allradantrieb
Getriebe	1-Gang, Automatik
Systemleistung	380 kW
Maximales Systemdrehmoment	790 N m
Achsgetriebeübersetzung Vorderachse	9,19
Achsgetriebeübersetzung Hinterachse	9,24
Radstand	2,89 m
Spurweite Vorderachse	1,68 m
Spurweite Hinterachse	1,66 m
Achskonzept Vorderachse	Mehrlenker
Achskonzept Hinterachse	Mehrlenker

A.9 Methodenanwendung für das Manöver PONC7560

Im Folgenden sind die zur Methodenanwendung im Kapitel 6 gehörenden Abbildungen für das Manöver PONC7560 aufgeführt. Ausführliche Erläuterungen zu den dargestellten Ergebnissen der Methodenanwendung befinden sich im entsprechenden Hauptkapitel dieser Arbeit.

Abbildung A9.1 zeigt die Fahrdynamikziele der auszulegenden Fahrzeugplattform sowie des darauf basierenden sportlichen Fahrzeugderivats hinsichtlich des Manövers PONC7560. Die Zieldefinition erfolgt auf Basis der objektiven Bewertungskriterien aus Tabelle 3.9. Weiterhin sind in Abbildung A9.1 die Werte der objektiven Kriterien von 28 Wettbewerberfahrzeugen und 40 herstellereigenen Fahrzeugen dargestellt.

Die Ergebnisse der für das Manöver PONC7560 angewandten Sensitivitätsanalysemethode aus Kapitel 4.3 sind in Abbildung A9.2 dargestellt. Die Abbildung

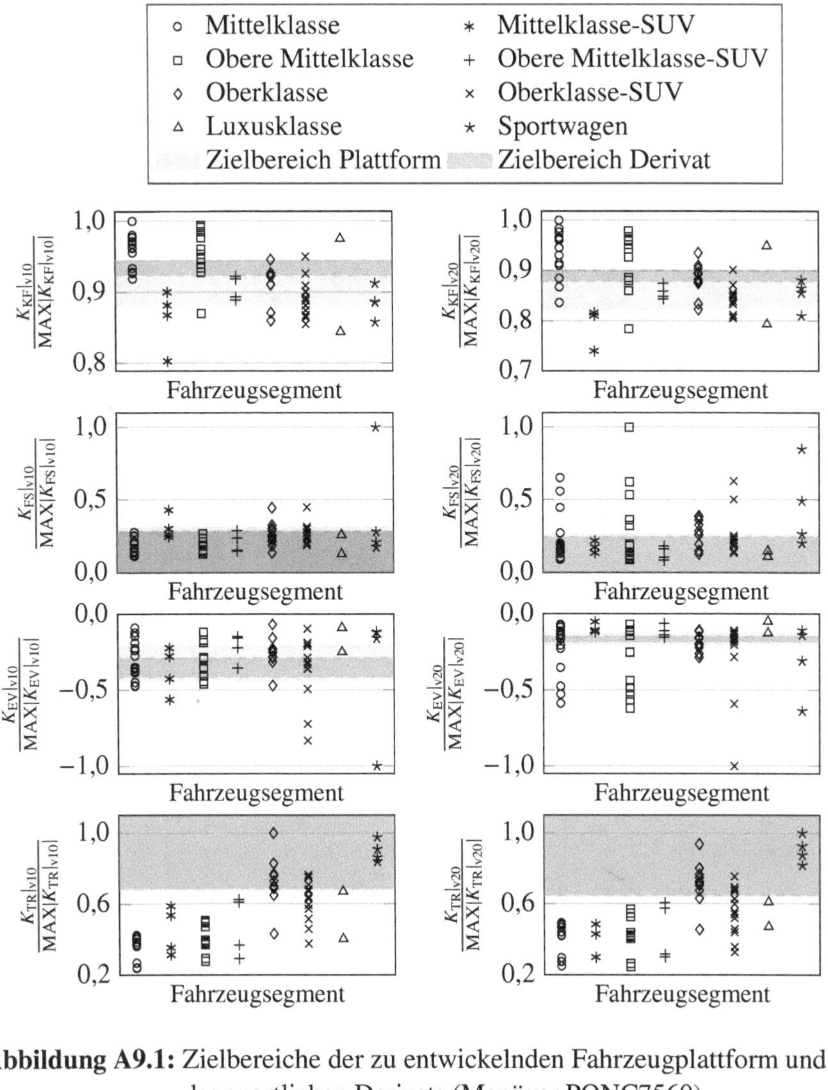

Abbildung A9.1: Zielbereiche der zu entwickelnden Fahrzeugplattform und des sportlichen Derivats (Manöver PONC7560)

zeigt die Mittelwerte der skalierten Totaleffekte der einflussreichsten Fahrzeugparameter aller Basisfahrzeuge.

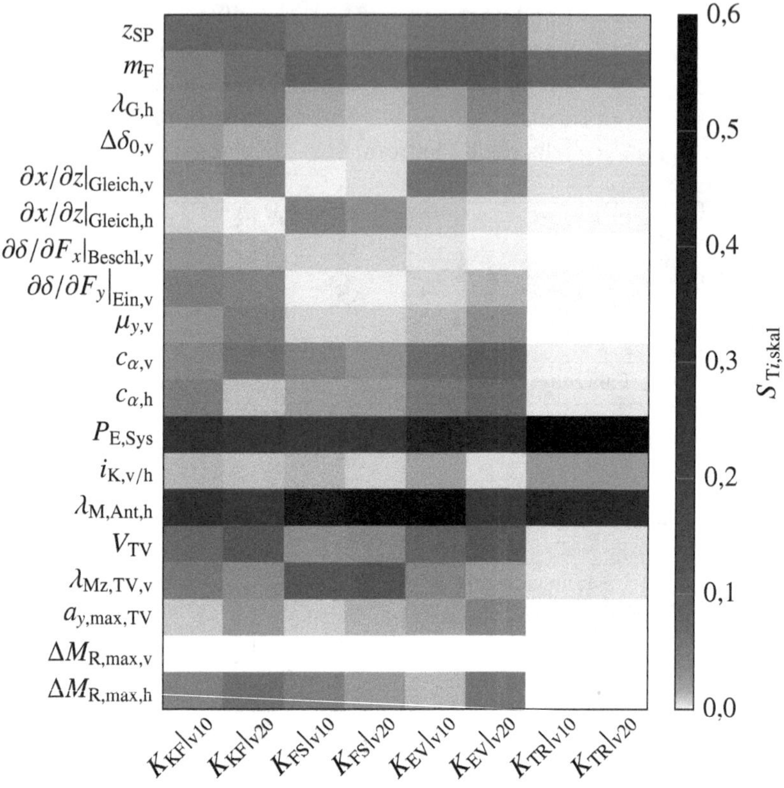

Abbildung A9.2: Mittlere Totaleffekte der einflussreichsten Fahrzeugparameter im Manöver PONC7560

In Abbildung A9.3 ist die Applikationslandkarte für die Applikation des Torque Vectorings (TV) basierend auf objektiven Fahrdynamikkriterien des Manövers PONC7560 dargestellt. Die Darstellung zeigt die vorzeichenbehafteten Mittelwerte der Elementareffekte für die untersuchten Applikationsparameter des TV-Systems. Das Verfahren zur Erzeugung sowie die Interpretation der Applikationslandkarte ist in Kapitel 5.3 beschrieben.

Abbildung A9.4 zeigt die Ergebnisse des virtuellen Applikationsverfahrens nach Kapitel 5.3 für die Applikation der Parameter des TV im Manöver PONC7560.

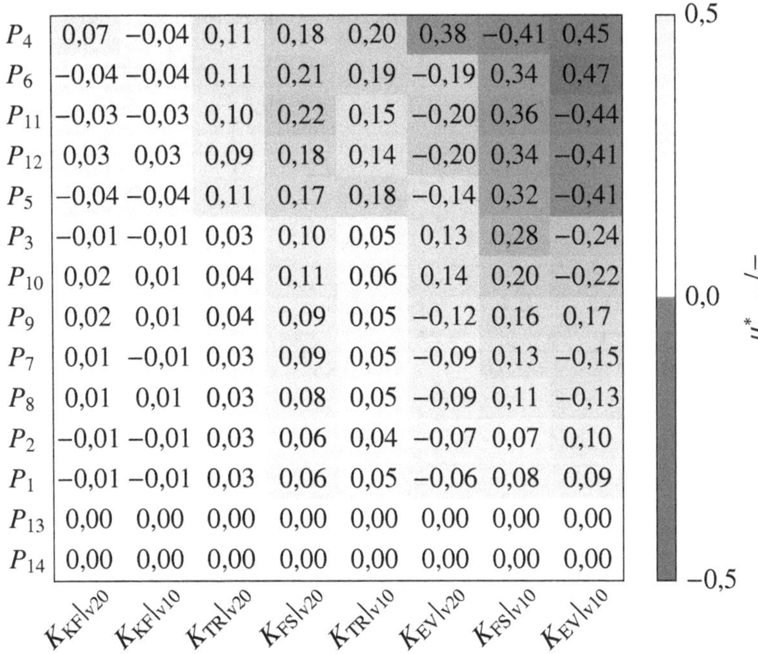

Abbildung A9.3: Applikationslandkarte für die Applikation des Torque Vectoring im Manöver PONC7560

In dieser Darstellung sind die Werte der objektiven Bewertungskriterien aus Tabelle 3.9 für das sportliche SUV mit Basisapplikationsstand und optimierten Werten der Applikationsparameter gezeigt. Weiterhin sind die zugehörigen Zielbereiche des sportlichen Derivats der SUV-Plattform dargestellt.

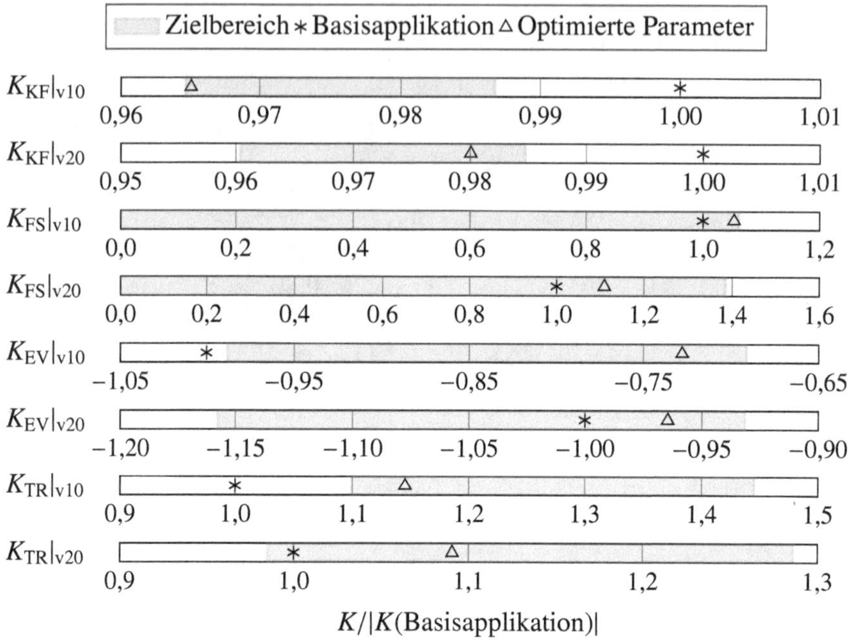

Abbildung A9.4: Ergebnis der virtuellen TV-Applikation hinsichtlich Fahrdynamikkriterien des Manövers PONC7560

FSC
www.fsc.org
MIX
Papier | Fördert gute Waldnutzung
FSC® C083411

Kolibri 360 GmbH
Ferdinand-Jühlke-Straße 7
99095 Erfurt, Deutschland
produktsicherheit@kolibri360.de